lonely planet

From the Source

日本美食之旅

懂美食之人，
献给品美食的你

U0332323

作者：何天兰　丽贝卡·米纳尔　中原一步

摄影：宫崎純一

中国地图出版社

目 录

日本北部   10

在更为寒冷的高纬度地带，炖菜和汤羹都是餐桌上的常客。同样出色的还有当地海鲜特产，比如北海道的三文鱼和螃蟹。

东京及日本中部   56

正如每一个欣欣向荣的首都那样，东京的现代料理也融合了传统与全球风味。位于东京西面的长野和日本阿尔卑斯山脉是山林野味的丰饶产地。

关西地区   118

这一地区既拥有日本最为精致高雅的菜系——以皇家风味为主导的京都菜，又有在商人阶层兴起的丰盛、朴实的大阪菜。

日本西部   176

被两片海洋包围着的日本西部地区以全年盛产的新鲜鱼类闻名。这里气候温和，是稻米和蔬菜之乡，当地菜肴偏甜且味道浓郁。

日本南部   208

属于亚热带气候的冲绳及西南诸岛以猪肉料理最为出名。此外，当地也有不同于日本别处的独特料理派系。

日本料理

拉面、味噌、刺身，通过这些似乎很轻易就能断定日本料理完全依赖于食材本身。事实并非如此，或者至少可以这么说，日本料理并不仅仅仰仗于食材本身。这个拥挤的群岛之国拥有3000多座岛屿，料理也是其文化的生动体现。正如历史打造了日本人的精神层面，日本料理也经历了历史的变迁，尤其是受到自千年之前便开始兴盛的日本佛教的影响。今天我们所熟知并热爱的寿司就源于佛教的兴起——在天皇明令禁止食肉之后，早期的寿司便势不可当地流行于世。如同这些禁肉的日本法律一样，寿司从诞生至今也经历了一次次重大改变。最早的寿司甚至不包括米饭，只是用糟醋腌制过的鱼肉而已。

在日本，人们认为享用美食需要动用全部的五感：不仅是嗅觉、味觉和视觉，还包括触觉（食材的质地、竹筷的顺滑与温暖），甚至是听觉（一家顶级的日式料亭通常都出奇地安静，以便令人更好地享受美食的乐趣）。和稻米一样，最初来自中国的"五行"理念，影响了日本美食文化长达数个世纪。五行看重金、木、水、火、土各элement元素之间相生相克，基于此，宇宙万物才能维持平衡状态。简而言之，各种各样的食材都可以依据其自身的味道和颜色与五行中的某一种元素相对应：甜味和黄色、橙色或棕色代表"土"，酸味和绿色代表"木"，苦味和红色代表"火"，咸味和黑色、蓝色或紫色代表"水"，而辣味和白色则代表"金"。甚至烹饪方式也与五行有关，打个比方，煮、蒸和炖都与"水"相关，而烟熏则与"木"相关。

任何日本料理，从简单的家常菜到最为讲究、正式的怀石料理，都试图将五行元素融合以追求膳食平衡与全面营养。毋庸置疑，这对我们的健康来说益处良多，并且对我们细品食物、打开五感享受每一口美食亦有助益，现在细嚼慢咽已被证明可以帮助消化、控制饭量。显而易见，以日本传统方式来烹饪和享用食物对我们有益。至于日本料理的口感为何也如此令人愉悦？其实这就是一种美妙的巧合。

下 厨 笔 记

本书力图展现日本最佳当地料理,配方和菜谱直接来自后厨,在那里,人们用几十年甚至几代人的心血,不断实践,将其完善。我们呈现的每道菜,核心都在于"地道"二字。

换句话说,在我们身边的普通店铺、市集或超市中可能难以找到某种食材。不过,其中的大多数应该都能在进口(日本)食品超市或在线商铺中寻获。在可能的情况下,我们也给出了更容易获取的替代品建议。260页的术语表有助于识别一些不太常见的食材。

本着追寻地道食物的精神,我们在这些食谱中保留了各位料理人原有的烹调方法,但只要有可能,我们也不懈地尝试着帮你找出折中之法。在时间不够或厨具不足的情况下,你依然可以自己动手烹制美味。

关于日式煮饭的方法和鲣鱼高汤的基本食谱,见256~257页。

在本书中,计量单位1大勺为15毫升,1小勺为5毫升。

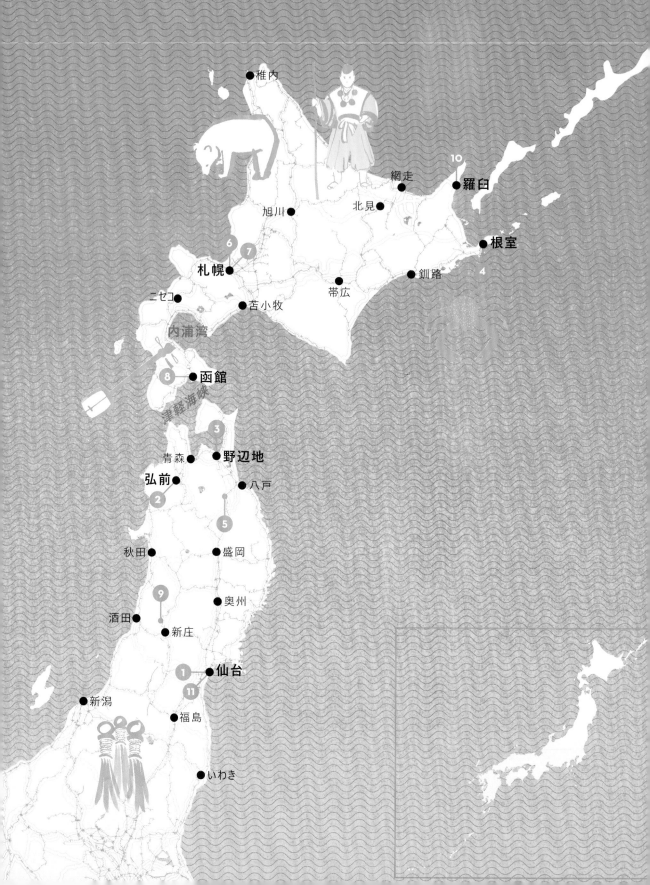

稚内

網走

北見

羅臼

旭川

根室

6 7

札幌

釧路

ニセコ

帯広

苫小牧

内浦湾

8 函館

津軽海峡

3

青森

野辺地

弘前

八戸

2

5

秋田

盛岡

9

奥州

酒田

新庄

1

仙台

11

新潟

福島

いわき

日本北部

在更为寒冷的高纬度地带,炖菜和汤羹都是餐桌上的常客。
同样出色的还有当地海鲜特产,比如北海道的三文鱼和螃蟹。

烤牛舌配牛尾汤
焼き牛タンと
牛テールスープ
YAKI GYUTAN TO
GYU TERU SUPU
见12页

油炸鱿鱼蔬菜饼
イカメンチ
IGA-MENCHI
见16页

扇贝味噌烧
ホタテ味噌貝焼き
HOTATE MISO KAI-YAKI
见20页

海蟹味噌汤
鉄砲汁
TEPPO-JIRU
见24页

手撕面片汤
ひっつみ
HITTSUMI
见26页

味噌拉面
みそらーめん
MISO RAMEN
见30页

成吉思汗烤羊肉
ジンギスカン
JINGISUKAN
见38页

函馆巴型海鲜饭
函館巴型海鮮丼
HAKODATE TOMOEGATA
KAISEN-DON
见42页

煮芋头
芋煮
IMO-NI
见46页

昆布炖金吉鱼
メンメ湯煮
MENME YU-NI
见50页

毛豆麻糬
ずんだもち
ZUNDA MOCHI
见52页

烤牛舌配牛尾汤

焼き牛タンと牛テールスープ

YAKI GYUTAN TO GYU TERU SUPU

在东北地区最大的城市仙台，炭烤牛舌薄片（gyutan）俨然成为它的代名词。创立于1948年的家庭经营小店旨味太助，无疑是品尝这道名物的最佳去处。

这道仙台最知名的菜肴诞生于竞争非常激烈的餐饮小摊位之中。当时，一个叫佐野啓四郎（Sano Keichiro）的商贩正在费尽心思研发一种复杂到他的同行们都无法模仿的料理。有一次，当他造访一家在当时还很少见的西餐厅时，发现了一道合适的菜肴——炖牛舌。于是佐野学着制作它，但是最终觉得炖菜里的浓缩酱汁（demi-glace sauce，也称法式多蜜酱汁，是西餐的基础酱汁）不值得花费精力制作。然而他并没有放弃研究牛舌，而是尝试各种各样的烹饪方法，直到发现了如今成为日本烹饪牛舌的精髓做法：小浅碟厚薄的圆形肉片，撒上大量盐调味后置于木炭上烘烤。你会得到一种前所未有的美味体验——肉片似乎在口中融化，它的边缘又像煎培根一般薄脆。

佐野的计划最终还是失败了：烤牛舌大受欢迎，而旨味太助也招致了一大批餐厅竞相模仿。如今在仙台，有几十家餐厅专门做烤牛舌。当佐野去世后，一直跟着他学习的儿子佐野初男接管了餐厅。老佐野是个严厉的导师，"他总是会称一称我从牛舌上去掉的皮，确保我没有去得太多。"现年72岁的佐野初男回忆道。但是他依然感激能够接手父亲的烹饪传统，他说："那些90多岁的老前辈们进门来告诉我，（烤牛舌的）味道未曾改变，依旧像是出自我父亲之手——这对于我来说就是最好的称赞了。"而佐野初男的儿子也已做好准备，继续传承父亲的餐厅。

旨味太助的午市和晚市都供应烤牛舌，它作为套餐的一部分，和牛尾汤、大麦米饭以及盐渍过的油菜叶（野沢菜，nozawana）一起食用。

料理人//
佐野初男
Sano Hatsuo
地点//
旨味太助，仙台
Umami Tasuke, Sendai

太助

烤牛舌配牛尾汤

焼き牛タンと牛テールスープ

YAKI GYUTAN TO GYU TERU SUPU

供5人食用

准备时间: 30分钟, 外加过夜腌制
烹饪时间: 5~6小时

制作牛舌

750克牛舌 (大约1条舌头) 切成4毫米厚的薄片
(让肉铺伙计帮你切, 并且把舌头尖端的粗糙
部分分开)

盐和胡椒

制作牛尾汤

500克牛尾, 切成3厘米见方的块状

2.5升水

2根青葱, 斜切成均匀的葱丝

小贴士

牛舌非常适合用来烧烤。如果你想要
在室内用炉灶烹饪, 可以尝试在烧烤铁丝
网 (焼き網, yaki-ami) 上操作。这是一种
日式的金属网筛, 专门用于在家制作烤物
(yaki-mono)。

---

1 只取用牛舌上带白色斑点的部分。留下舌尖上
更粗糙的部分待用。取一把锋利的刀在切出的
牛舌两面横向划几道, 划痕间隔1厘米左右。

2 在盘子上撒上大量盐, 将牛舌单面置于盘上。
在牛舌上均匀撒上盐和胡椒, 再覆盖一层牛
舌上去。如此重复, 直到将所有牛舌都摆入盘
中。加盖并放入冰箱中腌制一夜。

3 第二天, 制作牛尾汤。取一只大炖锅, 加大量
水煮沸。加入牛尾焯水10分钟。捞出沥干并
用冷水冲洗, 直到冲洗的水变清澈 (这大约
需要20分钟, 经此处理的牛尾能够煮出清亮
的汤)。

4 将牛尾和先前留下更粗糙的舌尖部分一同放
入锅中, 加入2.5升水。大火煮开后用最小的
火煨煮5~6个小时。

5 上菜前的30分钟, 将冰箱里的牛舌取出, 回温
至室温。

6 预热烤盘、烤架或者烧烤铁丝网 (见左边小贴
士), 将牛舌每面烤2~3分钟, 直到牛舌边缘
变成金黄色并开始变得酥脆。注意保温。

7 依口味在汤里加入盐和胡椒调味。加入青葱
煨煮几分钟直到它变软。将汤舀入碗中, 和烤
牛舌一起端上桌食用。

油炸鱿鱼蔬菜饼

イカメンチ

IGA-MENCHI

这种多汁的脆皮油炸饼混合了鱿鱼、甜洋葱和蔬菜，是东北（Toho-ku，通常指本州东北）北部城市弘前的代表食物。津轻黎明会认为，家庭自制的蔬菜饼最值得推崇。

在 青森县西部地区津轻（Tsugaru）的方言里，"iga"意为"鱿鱼"（日本大多数地方念ika）。当地品种太平洋飞鱿（是的，它真的能够跃出水面！）就产自津轻海峡（Tsugaru Strait），这条海峡中的冰冷水流将本州东北与更靠北的北海道分隔开来。弘前是津轻平原上一座古老的城市，位于海峡南部50公里处。江户时代，这里曾是弘前城——弘前藩津轻氏的居城，至今仍有天守阁。"从前，鱿鱼是真正的奢侈品，我们只将它供给公司。如今去港口只需要1小时车程，但在昔日，得坐一天马车才能到。"津轻黎明会（津轻あかつきの会）的创始人工藤良子解释道。

津轻黎明会的成员们活跃于保护和收集青森县津轻地区的传统食谱，所有成员都来自农户。现年75岁的工藤在20年前成立了这个组织，她非常渴望保护老一辈的知识和传统，因为只有他们才记得在汽车和冰箱出现之前的岁月。

油炸鱿鱼蔬菜饼最初是为汲取宝贵的蛋白质而发明。以前，鱿鱼身上近乎奶油般柔滑的部分用来制作刺身，而较硬部分（鱿鱼脚和耳朵）则切碎来做油炸鱿鱼蔬菜饼。如今鱿鱼唾手可得，这道菜也常用整条鱿鱼作为主料。洋葱、胡萝卜和卷心菜这类蔬菜是常用辅料，不过每家每户会根据自己种植的不同蔬菜而在制作方法上略有差别。油炸鱿鱼蔬菜饼可以直接吃，也可以配上酱油或炸猪排酱。同时，正如工藤所说："它也是与清酒相配的绝佳佐酒小菜。"

料理人//
工藤良子
Kudo Sumago
地点//
津轻あかつきの会, 青森县
Tsugaru Akatsuki Club,
Aomori

油炸鱿鱼蔬菜饼

イカメンチ

IGA-MENCHI

供5人食用

准备时间: 30分钟
烹饪时间: 30分钟

300克鱿鱼

¼颗卷心菜（大约200克）均匀切碎

2个小洋葱或1个大洋葱，切丁

50克胡萝卜，切丁

1个中等大小的鸡蛋

80克面粉

5克土豆淀粉（Katakuriko）

1小勺日本料理酒

食用油，用于油炸

盐和胡椒

1 将鱿鱼置于流动的冷水下冲洗，去除内脏、眼睛和嘴。用锋利的刀将鱿鱼切成5毫米见方的细丁。然后用刀背反复拍打几分钟，让鱿鱼丁更加柔软。

2 将卷心菜冲洗干净并置于铺有厨房纸巾的滤网中，充分挤尽水分。取一只大碗，将切好的卷心菜、鱿鱼和洋葱全部放入，打入鸡蛋。加入面粉和土豆淀粉，然后用盐和胡椒调味。用一只木勺充分搅拌，然后加入日本料理酒，放置一旁。同时加热平底锅。

3 在一个大平底锅里加入足够食用油，约1厘米高，加热至油锅冒烟。可以在油锅里滴入一滴面糊来测试油温，如果够热，面糊会嘶嘶作响。

4 缓慢而小心地在热油里放入一整勺混合好的面糊，而后分批加入4~5勺。油容易溅出，注意靠后站。然后浅炸4~5分钟直到每个饼的边缘变得金黄酥脆。翻面再炸2分钟直到熟透。立即上桌食用。

"饭店里供应的油炸鱿鱼蔬菜饼并不可口，
他们放的鱿鱼很少，而且加了太多面粉。
家庭制作的品质当然有保证。"

扇贝味噌烧

ホタテ味噌貝焼き

HOTATE MISO KAI-YAKI

这是一道味道浓郁、制作简单且让人欲罢不能的佳肴。人们从各地前来松浦食堂品尝这道扇贝，它由鸡蛋和味噌煨熟，然后盛在扇贝壳里享用。

松浦食堂这家外表看起来平淡无奇的小饭馆，却是青森最好吃的去处。这家餐厅已有125年的历史，松浦敬祐的祖父母在1891年开创此店，那一年野边地（のへじ，Noheji）刚通火车。当时这里是个繁忙的港口城镇，贸易为野边地带来了财富和都会风气，小镇的繁荣也令当地饮食比北方其他地区更加精致。如今，繁华岁月一去不复返，但小镇上的日本扇贝（ホタテ，Hotate，也称虾夷扇贝，个头比较大）依旧散发着经久不衰的魅力。野边地的扇贝被认为是全日本最好的，"来松浦食堂吃扇贝"就是前往此地的最好理由（事实上，人们就是这么做的）。

青森地区的饮食十分本土：在野边地，人们用扇贝做成味噌烧，而在沿海而上的陆奥（Mutsu），人们将味噌烧里的扇贝换成了鱿鱼。松浦的妻子リツ（Ritsu）解释说，这道菜传统上是作为进补良品为产妇而准备的，它有一点奢侈，所以被当作"大补"供她们享用。她又笑着补充："事实上我们叫它'miso ka-yaki'（味噌貝烧き，正确读法是miso kai-yaki），因为天气太冷张嘴说话都很困难，我们习惯了模糊的发音。"野边地气候寒冷，对于扇贝来说却是良好的生长条件。这里出产的扇贝丰润饱满还带着些许甜味。配合风味浓郁的味噌和爽滑的半熟鸡蛋，再撒些木鱼花提鲜，实在是口感丰富的美味。

松浦夫妇亲自操持饭馆的所有事物。他们漫长的一天从凌晨4:30开始，在开始准备午餐之前，他们还要在自家田里工作几个小时，这里出产的牛蒡和青葱可以供应饭馆所需。这对于80多岁的夫妇来说并非易事，但リツ说："我十分享受这一切。"

料理人//

松浦敬祐和夫人リツ

Matsuura Keisuke, Ritsu

地点//

松浦食堂，青森县

Matsuura Shokudo, Aomori

扇贝味噌烧

ホタテ味噌貝焼き

HOTATE MISO KAI-YAKI

供4人食用

准备时间：15分钟
烹饪时间：20分钟

4个中等大小的寿司级带壳扇贝（大约200克）

100毫升水

5克木鱼花，如果条件允许，可以用鲣鱼干自己刨（见下文小贴士）

1小勺糖

1小勺味噌

4个中等大小鸡蛋，打散

2根青葱，斜切成1.5厘米的葱段

小贴士

制作这道菜最好使用均匀刨好的木鱼花（在日本，它常常被用来装饰菜肴）。如果没有刨好的木鱼花，可以将大片的鲣鱼干放在微波炉加热10秒，然后掰成小块使用。

如果无法买到寿司级的扇贝，可以用普通的新鲜扇贝代替，但是要充分煮熟。

---

1 如果使用的是带壳的扇贝，首先去壳。一手持扇贝，将贝壳的厚边朝前。用一把金属的扁平锅铲插入并松动贝壳，小心撬开。将扇贝肉取出，留下贝柱（闭壳肌），其余全部去除。将贝壳放置一边，贝柱置于流动的冷水下洗净，然后切成长约2厘米、宽约1厘米、厚约0.5厘米的薄片。

2 在带柄小炖锅里倒入水，加入木鱼花，煮沸。加入糖和味噌，搅拌溶解。

3 关火并加入三分之二的蛋液、扇贝片和细葱，充分混合均匀。

4 直接在燃气灶上放置一片坚固的铁丝网，点火，将炖锅放置其上（这有助于保护灶头并且使稍后加热贝壳变得更加容易）。转至小火，搅拌混合物2~3分钟，直到鸡蛋和扇贝片半熟（当它们开始变得不那么透明）。将锅从灶上移开。

5 下一步，将预留的那些扇贝壳放在盘子上，将炖锅里的扇贝混合物分到每个壳里。小心夹起一只（或几只，如果放得下）贝壳将它放到铺着铁丝网的灶头上，也可以在烧烤时做。用勺子将剩余的蛋液舀入扇贝壳，用筷子铺匀。中火加热大约2分钟，或者直到鸡蛋略有凝固（半熟状态）。

6 用两个金属钳夹起贝壳并放置在防热的盘子中，继续烹饪剩下的扇贝壳、扇贝和鸡蛋混合物。即刻上桌食用。

料理人//
遠藤和則、川上のりこ
Endo Kazunori、
Kawakami Noriko
地点//
铃木食堂, 根室, 北海道
Suzuki Shokudo, Nemuro,
Hokkaido

海蟹味噌汤

鉄砲汁

TEPPO-JIRU

味噌汤从来都是餐桌上的配角, 但在铃木食堂却是个例外。每碗味噌汤中都盛着半只蟹身和蟹腿, 让这碗汤成为餐桌上的明星。

鉄砲汁 (Teppo-jiru) 在日文中的字面意思是 "步枪汤", 乍一听很奇怪, 但铃木食堂的遠藤和则解释说: "因为当你食用汤里的蟹腿时, 看起来像是在清理步枪。"他的比喻很贴切, 用长柄叉子取出蟹肉时就需要那样全神贯注。遠藤在铃木食堂的创始人——他的阿姨过世后接手餐厅, 迄今已有7个年头。"如果她所创造的一切在她去世后消失不见的话, 就太可惜了。"于是他放弃渔民生活, 转而在餐厅里开始了案板工作。仅从路边小店的样子来看, 铃木食堂也是个有趣的地标: 它是日本最东端的餐厅。你从窗口望出去便能看到北方四岛。这家餐厅同时也是摩托车手的灯塔, 他们会慕名入住餐厅的 "骑手之家", 它为骑车旅行的游客提供简单而干净的住宿。

海蟹味噌汤是根室特产。整个北海道都出产螃蟹, 但只有根室出产花咲蟹 (hanasakikani, "咲"中文发音为xiào), 它其实是帝王蟹 (タラバ蟹, tarabakani) 的近亲。花咲意为 "绽放的鲜花", 比喻这种螃蟹在加热之后呈现出明亮的红色。花咲蟹布满棘刺而多肉, 蟹脚粗短, 装在汤碗中非常合适。"海蟹味噌汤通常只用蟹腿制作, 但是我喜欢用整只螃蟹。"遠藤如是说。因为蟹味噌 (kani-miso, 蟹壳内蟹黄和蟹膏等内脏混合物) 味道浓郁且带有蟹肉的咸鲜, 在日本料理中广受赞誉, 也为这道汤提升风味。制作海蟹味噌汤使用的是冷冻螃蟹, 这意味着在夏季两个月的收获期之后, 你还能吃到花咲蟹。他拿着一把巨大的砍刀在准备演示时说道: "螃蟹要冷冻一下, 然后劈开。如果不冷冻的话, 处理的时候内脏就会流得到处都是。"

供2人食用

准备时间: 10分钟
烹饪时间: 15分钟

2只中等大小的冰冻花咲蟹(每只大约800克)

4小勺味噌,或依口味酌情增加用量

1根青葱,细细切碎待用

1 首先将蟹腿部分折断,切除每只蟹腿的尖端。然后将蟹身肚子朝上,置于牢固的案板上。将重而锋利的砍刀纵向置于蟹身中部,另一只手放在刀的顶部辅助用力,将刀用力压下,上下反复,直到将螃蟹一切为二。

2 用流动的冷水冲洗螃蟹,然后放进一只大炖锅,加水没过蟹身。大火加盖煮沸5分钟。

3 转小火,取一只杯子或小碗,加入一整勺蟹肉汤和味噌,使之充分溶解,再倒回锅中稍加炖煮。可以根据自己的口味适当添加更多味噌。

4 先将螃蟹分装在两个碗中,浇上汤。撒上青葱即可上桌。趁热先喝汤。

了解你的味噌

味噌是一种由发酵大豆制成的咸酱。最常见的是"白"味噌(shiro-miso,虽然它的颜色通常是金色或者浅褐色),由水煮大豆和米制成。因为比其他品种口味更清淡而甘甜,白味噌的用途广泛,在很多菜谱中都会出现。"红"味噌(aka-miso)的颜色更深,味道更重,是由蒸熟的大豆和少量米共同发酵1年以上制成的。它可以用来制作特别浓郁的味噌汤,但更常用于调味和腌制。浓郁而乡土的八丁味噌(hatcho-miso)则是由纯大豆制成并且发酵2年以上。八丁味噌是名古屋(Nagoya)地区的特产,以德川家康的出产地冈崎(Okazaki)出产的最为有名。在日本,混合各种味噌来制作属于你的独门味噌(调合味噌,chogo-miso)也十分常见。

手撕面片汤

ひっつみ

HITTSUMI

手撕面片汤是再合适不过的治愈系食物。工藤哲子的外祖母将这道菜的制作方法传授给了工藤的母亲，而她也从母亲那儿学会了如何制作这道菜。

大米几乎是日本料理的代名词，但水稻并非随处都可种植。干燥且地形崎岖的三户（Sannohe）更适宜种植小麦，也成就了手撕面片汤的关键原料。这道菜在当地方言里意为"扯拽"，恰如其分地形容了面片的制作方法——扯拽面团。这样制作出来的形状不规则的面片看起来有点像拉伸的耳垂，让这道菜透着粗犷的气息。如果制作方法得当，面片嚼起来会像饺子一样既有分量又筋道。汤底充满了大地与海洋的味道：香菇、牛蒡和胡萝卜，还有昆布、木鱼花和小鱼干（煮干し，niboshi，小沙丁鱼或小杂鱼干）。

在岩手（Iwate）周边和青森（Aomori）东南部地区，这道面片汤经常出现在冬日傍晚的家庭餐桌上。"它是传统老食谱了，我们在从前物质稀缺的年代吃它，人人都能制作。"工藤哲子说。她是当地妇女组织的领袖，她们都来自农村家庭，在当地的SAN·SUN产地直销广场［SAN·SUN产直ひろば（Sanchoku Hiroba）］烹煮并出售这种手撕面片汤以及其他本地食物。工藤和她的朋友们在20年前创立了这个路边集市，向过路的汽车司机们售卖她们的产品。从那以后，这个集市就逐渐扩张为三户的社区生活中心，同时也成为各种本地节日和集体活动的聚集地。虽然工藤很享受向游客介绍她从小吃到大的食物，但最令她珍惜的还是市集里的社团元素，大多数成员如今都像她一样，已经70多岁了。SAN·SUN的厨房里充满了成员们的闲聊声与笑声，伴随着她们切菜、在大锅里搅拌汤底，以及用当地非常古老的传统方式制作面片汤的面团——用双脚来揉面。

SAN·SUN的老太太们制作的手撕面片汤看起来十分丰盛：主食配有一道豆腐制作的菜肴，旁边放上一些腌菜和一杯热艾草茶（ヨモギ茶，yumogi-cha）。

料理人//
工藤哲子
Kudo Noriko
地点//
SAN·SUN产直ひろば, 三户
San Sun Sanchoku
Hiroba, Sannohe
http://sansun.hi-net.
ne.jp

手撕面片汤

ひっつみ
HITTSUMI

供4人食用

准备时间: 20分钟
烹饪时间: 2小时, 外加一夜醒面

面片制作

500克面粉

1小勺盐

250毫升冷水

汤底制作

75克胡萝卜, 对半切

50克牛蒡, 对半切

10克香菇, 洗净去蒂

30克小鱼干

2.5克昆布

12克木鱼花

2升水

100毫升酱油

50毫升烹饪用日本料理酒

约2大勺味醂

1根青葱, 均匀切丝

盐和胡椒适量

1 首先, 制作面团。将面粉倒入一只大碗, 往里面缓慢加水, 同时用一只木勺搅动, 直到面粉与水和成面团。如果有需要, 可以用手和面。

2 如果你想用当地传统的方式和面, 可以将面团放在一个塑料袋里, 在外面套上一个纸袋, 放在地面上。用你的双脚轻轻踩踏面团几分钟。将面团对折两次, 继续用脚踩, 如此反复3次。为防止面团粘在袋子上, 可以在面团上撒些面粉。你也可以在桌上撒些面粉, 用手直接揉捏面团, 直到它产生弹性。

3 将面团裹上塑料袋, 置于室温下过夜。

4 第二天, 将面团切成4等份, 并将每份搓成直径10厘米的小球。在一只大碗里倒入冰水, 放上滤网, 置于一旁。

5 烧开一大锅水。将小面团纵向切成3条。取其中一条放在手上, 用另外一只手挤压并拉伸面团, 将面团拉成一块块面片, 直接把它们掷入沸水中。煮3分钟, 或直到面片漂浮在水面上, 用漏勺将面片捞出, 放入之前准备好的架着滤网的冰水碗上。剩下的面团也重复此步骤。

6 将胡萝卜、牛蒡根、香菇、小鱼干和昆布全部放入一只大的炖锅中, 倒入水, 大火煮沸, 用来制作汤底。

7 将木鱼花放入一个粗棉布 (或干酪包布) 包中, 当水沸腾后放入锅中。转中小火, 盖上锅盖慢炖1个小时。

8 将昆布、木鱼花和小鱼干用漏勺捞出并撇去。将胡萝卜, 牛蒡和香菇捞出冲冷水迅速冷却。把它们沥干并均匀切成火柴粗细的细丝, 放置一边备用。

9 在汤底中加入酱油、日本料理酒和味醂调味。将面片倒入汤底中煮沸。迅速关火将面和汤舀入大碗中。码上切好的蔬菜和青葱即可食用。

小鱼干

将小鱼干加入汤汁中可以提鲜, 如果大量添加, 还会产生一种淡淡的苦味, 十分独特。小鱼干开封后可以在冰箱里冷藏保存1个月 (或者冷冻保存3个月)。

味 噌 拉 面

そそらーめん
MISO RAMEN

*自19世纪于日本问世以
来，拉面的品种仿佛无
穷无尽，人们对于拉面
的酷爱和推崇也从未
间断。札幌的味噌拉面
浓郁醇厚，充满味噌的
香味。*

料理人//
奥雅彦
Oku Masuhiko
地点//
麵屋彩未，札幌，北海道
Menya Saimi, Sapporo,
Hokkaido

让 拉面主厨分享独家食谱并不容易，众所周知，私房秘方备受保护，怎能轻易示人？麵屋彩未（Menya Saimi）餐厅因其浓郁细腻、口味均衡的拉面深受当地的拉面评论家（真有这一职业）的喜爱。当老板奥雅彦乐意对外展示他的厨房时，意味着他要么极其自信，要么过于粗心（他也很感性：店名竟是他从每个女儿的名字中取了一个汉字而来）。"大多数拉面馆都做得差不多，所谓秘方，无非就是动动这里，调调那里。"奥雅彦说。他穿着连帽套头衫和塑料拖鞋，搅动着装在一口巨大锅里的拉面汤底，这锅浓汤从早上5点就开始冒泡沸腾了。奥雅彦的独门秘方到底是什么？他回答道："我会在面的顶上放一点点磨好的生姜。"这实在难以令人信服，麵屋彩未的拉面圆润柔和，口味突出却不过分，搭配密实的卷面和包括猪肉叉烧（chashu）、腌笋和豆芽在内的一系列浇头，怎么可能只是因为生姜？对此，他耸了耸肩。

奥雅彦曾在另外一家著名的拉面店すみれ（Sumire）学习了7年。如今被认为是札幌招牌风格的味噌拉面，正是由すみれ发扬光大的。制作味噌拉面从熬一锅油油的高汤开始，在麵屋彩未，这锅汤由猪骨熬成，并用咸味噌调味。这种拉面十分倾向于"こってり"（kotteri）风格，这个词用来形容丰厚浓稠的高汤。"拉面浇头里的蔬菜是炒菜，这是札幌拉面的关键所在。"奥雅彦说。这种搭配实在太适合这个城市漫长而寒冷的冬天了。虽然拉面可能会被归作"治愈系食物"或深夜佐酒之选，但它依然是一道复杂的料理。在不同阶段，从麵屋彩未厨房飘出来的气味也不同：猪骨煮开时的强烈腥味，热油煎大蒜的浓烈香气，以及煸炒味噌所散发出来的悦人香味——混合着吐司焦香和坚果脂香。正是最后一种味道吸引了大量顾客，餐厅上午10:45开门时，他们早已在门口排起了长队。

味噌拉面

みそらーめん

MISO RAMEN

供5人食用

准备时间：1小时
烹饪时间：7小时（包含等待时间）

关于用时的小贴士：在家制作拉面晚餐的话，大致可以参考以下时间表，假设晚上7:00上桌，那么：

中午：准备汤底

下午4:00：准备猪肉叉烧

下午6:00：将叉烧从炉子上移走，放入腌料中腌制

下午6:30：准备拉面的浇头

制作豚骨（Tonkotsu，猪骨）高汤

500克猪腿骨

18升水

5克小鱼干（见28页小贴士）

15克鸡爪，将鸡爪去骨，切碎

3根青葱，只需要绿色葱叶部分

小贴士

　　将没用完的叉烧腌料装在罐中放入冰箱冷藏，可保存一周。可以用它来给酱油拉面（Shoyu Ramen，也是北海道的三大拉面之一）调味。

1 首先制作豚骨汤底。去除（制作叉烧用的）猪肩肉上多余的油脂，与猪肩肉分置两旁。把制作汤底用的猪骨放入一只大汤锅内，倒入大量水，大火迅速煮沸，沥干并彻底洗去残留的血。通过这种方式处理过的猪骨能够煮出更加清澈而细腻的高汤。

2 将清洗后的猪骨放入一只干净的汤锅中，加水煮沸。敞开锅盖用小火慢煮4小时，尽量撇去浮沫并偶尔搅拌，充分熬制高汤。

3 将小鱼干放入一只粗棉布（或干酪包布）包中，和切碎的鸡爪、青葱以及从猪肩肉上切下来的油脂（可以选用）一起放入锅中。继续煮2个小时，与此同时，你可以准备制作猪肉叉烧。

4 将除了猪肩肉和食用油之外的其他所有原料都倒入一只大的炖锅中，煮沸后转小火炖2小时——这就是你的腌料。然后将腌料移开灶台，冷却至室温。

5 与此同时，用厨用棉线将猪肩肉紧实地扎起，细线之间间隔1厘米。将食用油倒入大平底锅里，中高火烧热，将猪肩肉均匀煎至表面呈棕色。再将猪肉放入豚骨高汤中，煨1.5小时。

制作猪肉叉烧

1千克猪肩肉

900毫升酱油

100克糖

7.5厘米昆布片

6个日本红花椒干或3个干辣椒

1大勺食用油

制作浇头

食用油，炒菜用

100克罐头腌笋（比如桃屋牌，Momoya），
控干水分

75克大蒜，细细切碎

250克豆芽

85克猪油

25克猪瘦肉糜

干红辣椒粉，依口味适量添加

日本花椒，依口味适量添加

50克洋葱，切薄片

300克味噌

3根青葱，均匀切丝备用

750克鸡蛋拉面

4厘米厚的姜块，去皮磨碎

6 将猪肉从高汤里捞出，放入已经冷却的腌料中，腌制30分钟入味，然后取出备用。

7 下一步，制作浇头。在炒锅或大平底锅内倒入食用油，高火烧热，煸炒腌笋2~3分钟，出锅置于一旁。再在锅中加入少许油，加入三分之一切碎的大蒜炒香，再加入豆芽炒2~3分钟。锅中加入一小勺煨热的高汤，盖上锅盖将豆芽焖熟。关火，将炒菜置于一旁。

8 准备上菜时，大火加热炒锅，融化猪油。加入剩下的蒜末炒香，再加入猪肉糜，翻炒几分钟后加入味噌并混合均匀。依口味撒入适量干红辣椒粉和日本花椒调味。立刻关火并将锅里的肉末倒入汤底中，缓缓搅动。

9 取一口大锅，加水煮沸，根据包装提示煮面。沥干水分，将面分装在碗中。

10 将一半的叉烧切成5毫米厚的肉片，剩下的切小丁。用喷枪将叉烧表面烤至金棕色（或将叉烧置于烤架上稍稍炙烤）。将叉烧放在碗中，加入磨碎的生姜。

一切尽在酱汁中

很多时候，酱汁（たれ，tare）就是一家餐厅的DNA。它的配方总是高度保密，如今依旧很难被复制。与酸酵头（经长时间自然发酵产生很多酵母菌和乳酸菌的面团）一样，酱汁也是一种活物：它被"饲养"着，新的配料混合着陈年配料，老卤中保留了多年来浸入其中的食材（比如烤肉）之精华。一位主厨在徒弟自立门户前能够赠予他（她）最感人的礼物，莫过于一些独门酱汁。如果没有一味合适的酱汁，所有料理都显得青涩和不成熟。本书所有的酱汁配方仅仅是个开始，你可以随心所欲地尝试并开发出最能代表自己的酱汁。

成吉思汗烤羊肉

ジンギスカン

JINKISUKAN

对不懂行的人来说，这道配着蒜料酱的成吉思汗烤羊肉看上去很不"日本"。但它其实是札幌人的近代发明，也显示了北海道的饮食和日本其他地区大相径庭。

札幌人在外最想念的家乡菜莫过于成吉思汗烤羊肉。没错，就是你知道的那个"一代天骄，成吉思汗"。那么这道菜真是蒙古大汗传来的吗？不，它是近代的发明。在20世纪初期，日本政府向北海道引进绵羊饲养，而它们似乎很适应岛上的开阔之地。虽然羊毛业从未真正兴起，当地居民却养成了吃羊肉的习惯。札幌的超市出售预调味的羊肉，可以直接烧烤——你在东京可看不到这些。没有人知道为什么会用"成吉思汗"这个名字，但一个常见的说法是：用来烤羊肉的锅看起来像蒙古将军的头盔。成吉思汗烤羊肉锅（じんきすかんなべ，jinkisukan-nabe）是这道菜的关键：这种锅中部凸起，羊肉在中间烤得嘶嘶作响，汤汁向下流到四周装着蔬菜的凹槽里。真是天才的发明！

だるま（Daruma）是札幌最古老的成吉思汗烤羊肉餐厅，60多年前它就开在了这座城市的夜生活区——薄野（Susukino），即便是气温零下的大冷天，也依然门庭若市。马蹄状的柜台只能容纳20个座位，配有10个装木炭的火盆。吃成吉思汗烤羊肉需要食客自己动手——在凸起的锅顶放一大块羊油，在锅边一圈铺上许多洋葱，一盘盘地点着羊肉（这里的羊肉都不经预调味），一杯杯地喝着泡沫丰富的啤酒。桌上放着烤钳，还有大蒜碎末和红辣椒片，可供酱汁调味。"酱汁会越来越好吃，因为不断混入了美味的肉汁。"女主人金塚澄子说。だるま的常客都知道这顿饭是以一碗茶泡饭（お茶漬け，ochatsuke）收尾的，并且还得把剩下蘸肉酱汁倒进去一起吃。正如金塚所说："这很滋补哦！"

料理人//
金塚澄子
Kaneshika Sumiko
地点//
だるま本店, 薄野, 北海道
Daruma Honten,
Susukino, Hokkaido

成吉思汗烤羊肉

ジンギスカン
JINKISUKAN

供4人食用

准备时间: 10分钟
烹饪时间: 30分钟

600克羊肉（虽然だるま的女主人金塚澄子更喜欢用羊肩肉，但其他部位的羊肉也一样可以使用）

50克羊油或牛油，或者食用油

2个中等大小的洋葱，切成2.5厘米宽的块状

2根大葱，切成2.5厘米长的葱段

320克大米，参照256页的食谱煮饭

2.5升日本煎茶（可选）

制作酱汁

150毫升浓口酱油

75毫升日本料理酒

2瓣大蒜，细细剁碎，或依口味添减

红辣椒片或干红辣椒粉，调味用

1大勺姜末

2大勺苹果泥

1大勺芝麻

1大勺糖

1 先将所有制作酱汁的食材混合制成酱汁，放入小碗中。这一步可以提前完成。

2 将羊肉切成5毫米厚的薄片，去除所有肉筋。在肉片的双面都划上十字花纹。

3 把成吉思汗烤肉锅放在烧热的木炭上（也可以预热普通煎锅或烤盘）。在锅中加入一半羊油，当油脂融化时，用筷子或者烤钳将羊油均匀抹到锅内各处。

4 把一些洋葱和大葱围在烤锅边缘四周。当锅烧到炙热时，在烤锅中间（凸起部分）放上几片羊肉，翻烤至羊肉颜色开始变棕。继续分批加入羊肉和蔬菜，如果需要，可以加入更多的羊油，直到羊肉和蔬菜都烤熟。

5 把酱汁分到每个人的蘸碟中，依个人口味添加大蒜和红辣椒片。把烤好的羊肉放在盘中，蘸酱摆在旁边。如果你不再烤别的东西，就可以上米饭了。

6 这一步可选：尝完肉和蔬菜后，泡一大壶煎茶，并在碗里盛些米饭。在饭碗里倒入煎茶，再加入一些剩余的蘸肉酱汁，配上烤锅里剩下的肉和菜一起吃。

小贴士

　　成吉思汗烤羊肉是典型的现烹现吃菜肴，你可以根据需求添加更多的肉和菜。如果在桌上吃烤肉，可以选用电热炉或者野营用的燃气灶。必要时，也可以在厨房的炉灶上将它作为一道主菜来烹饪。成吉思汗烤肉锅可以在网上购买。这种锅专为成吉思汗烤肉而生，在烤制腌肉时，还能为它带来烟熏烤肉的香气。

函馆巴型海鲜饭

函館巴型海鮮丼

HAKODATE TOMOEGATA KAISEN-DON

函馆朝市吸引着饥肠辘辘的人们前来品味北海道著名的海鲜。在这里你会找到きくよ食堂（Kikuyo Shokudo），这家餐厅出售令人垂涎三尺的海鲜饭，这是一种清淡调味的生海鲜盖饭。

函馆朝市（Hakodate Asaich）与函馆港仅隔着几个街区，在黎明到来之前就已苏醒。穿着橡胶靴子、戴着羊毛毡帽的工人们把从北海道寒冷海水中捕获的海胆、三文鱼子（いくら，ikura）和鱿鱼从塑料泡沫箱中拿出来，烤架生起了火，准备烤制扇贝和螃蟹，香气吸引着第一批睡眼惺忪的游客前来，寻觅最新鲜的海鲜早餐。60多年前刚开业时，きくよ食堂只是一家10把凳子连着柜台的小铺子，向市场的工人们出售早餐。从那之后，餐厅为满足日益剧增的顾客而不断拓展店面。它不断被模仿，然而没有人能够像きくよ食堂的店员这样关注细节：三文鱼子都是店里每日腌制而成的，煮米饭使用专门定制的陶土蒸具并以煤球加热。

餐厅的招牌菜是函馆巴型海鲜饭，使用函馆最受追捧的三样海味：海胆、三文鱼子和日本扇贝。注意：只有这三种食材的组合才能被称作"巴型"海鲜饭，简称巴丼（tomoe-don），它的摆盘跟传统旋涡状的"巴纹"（日本太鼓上的图案）相似。至于普通海鲜饭，可以是任意一种或数种食材的组合，三种食材被称为三色丼（tanshoku-don），以此类推，还有五色丼（goshoku-don）等。吃海鲜饭没什么特别的讲究，即时吃完就好。做海鲜饭却需要创意，"用你喜欢的任何海鲜都可以！"中村やすのり（Nakamura Yasunori）说。他是原きくよ食堂老主人的女婿，如今他和妻子共同经营这家餐厅。

有别于寿司，海鲜饭使用的是未调味的米饭。这道菜通常在与鱼贩和市场紧密关联的餐厅里供应，确保总是能获得新鲜的食材。虽然海鲜饭看起来不需要烹煮，但依然有些细微的方式可以提升原料风味，比如用酱油和清酒腌制鱼子，或者用芥末味酱油给海胆提味。在きくよ食堂，海鲜饭会配上一碗岩海带味噌汤，而岩海带也是北海道的另一种特产。

料理人 //
中村やすのり
Nakamura Yasunori

地点 //
きくよ食堂，北海道
Kikuyo Shokudo,
Hokkaido
http://hakodate-kikuyo.com

函馆巴型海鲜饭

函館巴型海鮮丼

HAKODATE TOMOEGATA KAISEN-DON

供4人食用

准备时间：10分钟，外加隔夜腌制三文鱼子
烹饪时间：30分钟，外加煮米饭的时间

300克三文鱼子（见小贴士）

1小勺日本料理酒

2小勺酱油，另外还需一些用来浇汁

600克白米饭

250克海胆

250克刺身级日本扇贝

干海苔，切碎

制作芥末酱油

2大勺鲣鱼高汤（见257页）

1小勺酱油

2.5小勺现磨鲜山葵，或者依据口味增减

1 将三文鱼子、日本料理酒和2大勺酱油在碗中混合。放入冰箱腌制一夜。

2 第二天，参照256页的方法煮米饭。放着晾凉5分钟，米饭应当还是温热的。

3 同时，将鲣鱼高汤、酱油和研磨的山葵混合制成芥末味酱油。

4 将米饭分装在大碗中，轻轻抚平表面，不要按压米饭。舀一勺腌制入味的三文鱼子放在米饭上，均匀铺成一个扇形。你也可以用筷子，小心地把海胆铺成相邻的另一个扇形。

5 最后，将日本扇贝纵向切成四片铺在饭上，填满最后一个扇形。在海胆上滴几滴芥末味酱油，在扇贝上滴几滴纯酱油。撒上海苔碎，立即食用。

小贴士

在日本食品超市里出售的三文鱼子都是预先调味的（通常添加了味精和防腐剂）。用于制作这道菜的三文鱼子最好从鱼贩处购买，以未调味的为好。

米饭和下饭小菜

说米饭（o-kome）是日本料理的核心组成部分未免轻描淡写了些。虽然怀石料理（Kaiseki）只用一小碗米饭为全席收尾，但米饭依然是家庭饭桌上的主食。与米饭同食的小菜（おかず, o-kazu）由各种肉类（包含鱼肉）、豆腐和蔬菜制成，可以配成营养均衡的一餐。如果你沿着任何居民区的商店街（shotengai）行走，就会看到外卖下饭小菜的小店可能会有炸肉饼（コロッケ, korokke）和味噌煨茄子（茄子田楽, nasudengaku）。然而佐菜的米饭，一定要在家里用电饭煲新鲜烹煮，电饭煲可是日本人不可或缺的厨房电器。

煮芋头

芋煮
IMO-NI

山形最出名的就是大山和芋头，这两者在每年的秋天相聚在一起。当地居民外出参加"煮芋头大会"，在群山围绕中用超级大锅炖煮芋头，与亲朋好友一同享受季节的馈赠。

料理人 //
佐藤春树
Sato Haruki

地点 //
森の家，最上，山形
Morinoie, Mogami,
Yamagata
http://www.morinoie.
com/

佐藤春树最初并没有打算成为一名芋农。20多岁的时候，他并不知道自己想要做什么。他在自己的家乡——山形县内一个8000余人的村落中四处溜达，只是帮着自己年迈的祖父母操持农活。这时，他发现他的祖母藏着几包古老的种子，它们是祖传的芋头品种，叫"甚五右ヱ門芋"（jingoemon Imo），数百年前就已开始种植。在家里发现这些不足为奇，因为佐藤的家族已经在这片土地上耕作了20代。直到那时，他才决定接管祖父母的农场，准备将这种失传已久的芋头重新带回现代生活。

佐藤和妻子买下一间有150年历史的农舍，将它经营成非正式的B&B（含早餐的民宿客栈），用来招待他们的朋友以及朋友的朋友（买过他家芋头、参加过他家的煮芋头大会的人和亲朋好友才能入住）。每年秋天，他们都会举办一次野炊，煮一大锅芋头。每到丰收季节，山形县各处都会举办这种传统的"煮芋头大会"。此时气温下降，生火炖一锅食物再适合不过。家人和朋友们在溪边齐聚，庆祝又一季圆满过去。

煮芋头在山形县是一道非常经典的家常菜，但你不会在餐厅菜单上看到它。大部分的煮芋头食谱里都会有芋头、蒟蒻（konnyaku）和均匀切片的酱油炖牛肉，但是每家都有自己特别的煮芋头方法，各地做法也有所不同。佐藤从他的祖母那儿学会如何制作这道菜。在祖母的食谱里，煮芋头需要添加一种在他家农场周围树林里大量生长的蘑菇。在日本，芋头因为很"ぬるぬる"（nurunuru）而深受人们喜爱。"ぬるぬる"是表示滑滑的、黏糊糊的象声词。"甚五右ヱ門芋"就非常"ぬるぬる"，它软糯而黏稠，恰到好处地融入炖菜之中。

煮芋头
芋煮
IMO-NI

供6人食用

准备时间: 10分钟
烹饪时间: 30分钟

1千克甚五右ヱ門芋

500克黑蒟蒻 (魔芋)

60毫升浓口酱油

30克糖

1小勺鲣鱼风味调料粉 (可选用)

500克蘑菇, 处理好

300克牛肉 (如牛后腿肉、牛排或者肋眼) 均匀切片

2根大葱, 斜切成2厘米的葱段

1 用一把锋利的刀给芋头去皮, 斜切成对半。将芋头浸在冷水中, 然后处理其他食材。

2 用手将蒟蒻掰成一口一块的大小, 放入大炖锅。沥干刚才的芋头, 也放入锅中。然后加入足量水, 没过芋头和蒟蒻。

3 将锅置于中高火上加热, 加入酱油搅拌。煮至沸腾并撇去汤里的所有浮沫。

4 加入糖和鲣鱼风味调料粉 (能增加汤的风味), 偶尔搅动, 烹煮15分钟直到芋头变软。

5 加入蘑菇煨煮2~3分钟, 继续加入牛肉煮2~3分钟, 然后加入大葱, 盖上锅盖再煮2分钟, 使大葱变软。可依口味添加酱油。即刻上桌食用。

料理人//
石田ひろみ
Ishida Hiromi
地点//
海鲜工房，羅臼漁業協同組
合直営店，罗臼，北海道
Kaisen Kobo, Rause
Gyugyou Kyodo Kumiai
Chokueiten,
Rausu, Hokkaido
http://www.jf-rausu.jp/

昆布炖金吉鱼

メンメ湯煮
MENME YU-NI

*Yu-ni*意为"湯煮"（水煮），这在罗臼意味着必须使用当地特产昆布。石田ひろみ准备用海味十足、富含矿物质的昆布炖煮一种清淡的刺头海鱼——金吉鱼。

罗 臼是北海道偏远东部的一个小渔村。晚上，夜间捕鱼船上的灯光照亮了港口沿岸的街道，令路灯黯然失色。在这里，捕捞的海货定义了四季：秋天是鱿鱼，冬天是章鱼，春天是海胆，而夏天则是昆布。"即使他们不在船上，他们所做的事情也多少和大海有关。"石田ひろみ说。她嫁给当地一位渔民后便从札幌搬来了罗臼，成为一名家庭主妇。她还是当地渔业合作社的一名成员，负责为节日活动和来访的学校组织准备食物。

冬季，北冰洋为罗臼附近的海域带去了营养丰富的浮冰，当地居民认为它们带来了大量美味的海洋生物。在所有海产品中，夏季在海岸边收获的昆布尤为受人称道。罗臼昆布可以让汤底异常鲜美，也是制作高级怀石料理（Kaiseki）的主厨们的心中至爱。自然而然，当地居民也会为自己留一份美好的收获。石田解释说，制作湯煮（yu-ni）的方式有两种：一种是为家人制作，另一种是宴客用。她说："如果你只是在家做这道菜，只需丢些鱼块和几片昆布（到锅里）一起煮就好了。"如果是宴请客人，那么51页的食谱则展示了如何用柔软又如皮革般柔韧的昆布裹住一整条鱼，外面用干葫芦条（干瓢，kampyo）扎紧，上桌时像一个包裹。里面的金吉鱼（キンキ，kinki，当地方言也称メンメ，menme）在香港叫木棉鱼，在台湾叫喜知次鱼。它通身充满亮丽和吉祥的大红色泽，脂肪含量很高，只生活在北方冷水海域，是当地出产的珍贵品种。制作昆布炖鱼毫不费力，但收获颇丰。"昆布的所有鲜味都渗入了金吉鱼之中。"石田说。

供2人食用

准备时间: 10分钟
烹饪时间: 15分钟

2条完整的白身鱼（每条大约400克），比如金吉鱼，去鳞洗净

30厘米的昆布条2根，足够包裹鱼身（如果昆布条比较细，每条鱼可以用2条昆布包裹）

1包50克的淡味（或无味）干葫芦条

2小勺海盐

1 用水冲洗鱼身并用纸巾拍干水分。用昆布紧紧包裹鱼身，两头用干葫芦条捆扎。

2 将鱼放入一只大汤锅中，加足量水没过鱼身。加盐，高火煮沸。转至中低火，煨煮10~15分钟，或者直到鱼肉变白，充分煮熟。

3 将包裹在鱼外面的昆布小心打开，就这样上桌。虽然这道菜里的昆布和干葫芦条都可食用，但它们大部分的味道都已经在烹煮过程中被鱼肉吸收了。

小贴士

石田也用鳕鱼制作这道菜。如果你无法获得鳕鱼或者金吉鱼，也可以用任何口味温和、肉质紧实的白身鱼（日本把鱼肉按照颜色分为白身鱼和赤身鱼）替代。

干葫芦条

干葫芦条又被称为干瓢，大部分日本食品超市以小包出售。虽然可食用，但是干葫芦条通常只被用于食物的装饰而已。

毛豆麻糬

ずんだもち

ZUNDA MOCHI

新鲜毛豆的光亮甚至近乎艳丽的绿色，宣告着夏天的到来。在仙台，它们被用来制作这道传统甜点。在一年中最热的日子里，它是最好的提神食物。

大豆（黄豆）是日本料理的主要成员——它出现在味噌、纳豆（一种发酵大豆）和豆腐之中。在日本东北最大的城市仙台，田野里随处可见它们的身影。毛豆（枝豆，edamame）是新鲜的大豆，在夏季收获，比用来制作豆腐的大豆早几个月。毛豆作为下酒小菜，通常经过加盐水煮，冷却后装入柳编篮子，旁边配一杯泡沫丰富的啤酒享用。在仙台，毛豆的吃法却很不一般：磨成糊，撒上糖，抹在充满弹性的麻糬（mochi）上食用。エンドー餅店（Endo Mochiten）的主人細谷ひろみ（Hosoya Hiromi）说，毛豆的这种吃法由来已久，久到已无人知晓它的起源。当地传说，17世纪，最早的仙台藩主伊达政宗（Date Matsumune，也是著名的美食家）就是毛豆麻糬的粉丝。

1948年，細谷的父母在这条本来平淡无奇的街上开设了エンドー餅店。这家店十分好找：它的外墙刷着和毛豆一样醒目的绿色。"我父亲认为那样就能变得最出众。"細谷笑着说。店铺后面的小厨房放着奇特的老式机器：一个正挥着长臂富有节奏地敲打糯米（做麻糬用），一个呼呼作响地把毛豆磨成糊。竹编蒸笼里装满了豆子，盛在盘子里的麻糬上面撒着土豆淀粉，看上去像融化了的棉花糖。"我们只用毛豆、糖和一丁点儿盐来制作毛豆麻糬。只需放适量的糖，足够带出豆子的自然清甜就好。"細谷说。

毛豆麻糬清爽、翠绿，带着丝丝微甜，非常适合搭配绿茶食用。細谷建议也可少糖，将毛豆糊放在夏季蔬菜之上食用，比如毛豆糊加茄子。

料理人//
細谷ひろみ
Hosoya Hiromi

地点//
エンドー餅店，仙台
Endo Mochiten，Sendai
http://www.zundamochi.com

毛豆麻糬

ずんだもち
ZUNDA MOCHI

供6人食用

准备时间: 30分钟, 加上冷却时间
烹饪时间: 10分钟

500克新鲜毛豆, 或者去壳冷冻毛豆

180克糖

一撮盐

270克麻糬(日式糯米糕, 见小贴士)

1 如果使用的是新鲜毛豆, 则需要将毛豆剥壳并去除每颗豆子外的薄衣。

2 将去壳毛豆放入竹编蒸笼里蒸10分钟, 或将毛豆放在筛子里置于锅上隔水加热。

3 将豆子从蒸笼里移出, 放入食品料理机。加入糖和盐, 简单加工, 得到粗制的糊状物。不要过分加工豆子, 你应当在糊状物中依然看得到些许成形的豆子。

4 将毛豆混合物平整地放入浅口罐中, 冷却至室温。

5 把麻糬放进锅里, 将麻糬的两面都抹上毛豆糊。如果毛豆糊太稠抹不开, 可以先在毛豆糊里撒上一点热水调开, 然后抹在麻糬上。

小贴士

大部分亚洲杂货铺里都会出售现成的麻糬, 但是那些都比不上自制的。一些日本家用电器制造商出售桌面麻糬制作机, 你只需要加入糯米和水就能制成麻糬(可以在网上购买)。

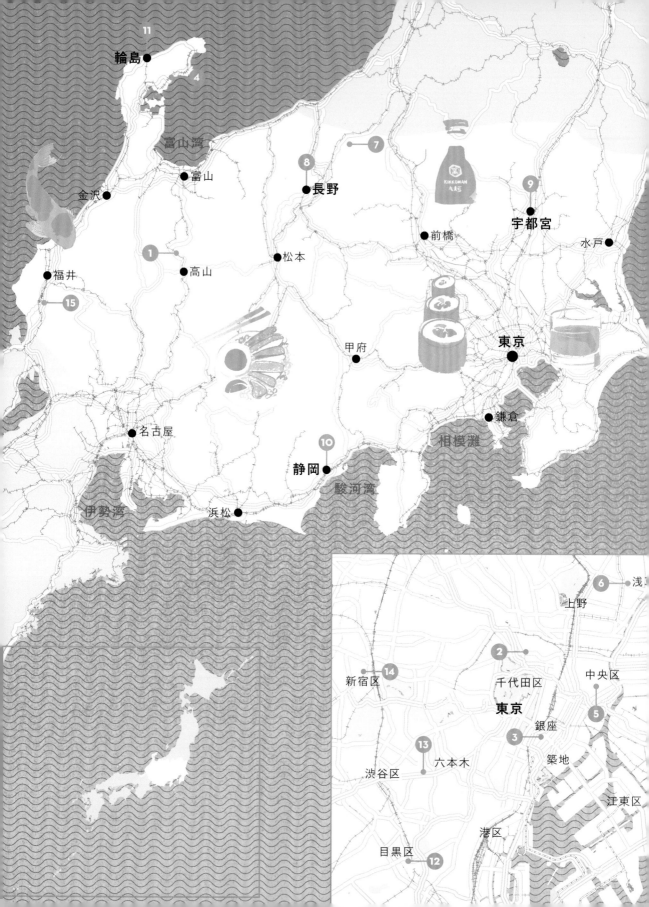

輪島 ●

11

4

富山湾

富山 ●

金沢 ●

1

高山 ●

福井 ●

15

7

8

長野 ●

前橋 ●

松本 ●

甲府 ●

名古屋 ●

伊勢湾

浜松 ●

9

宇都宮 ●

水戸 ●

東京 ●

鎌倉 ●

相模灘

10

静岡 ●

駿河湾

6

浅

上野

2

新宿区

14

千代田区

中央区

東京

3

銀座

5

13

六本木

築地

渋谷区

江東区

港区

目黒区

12

东京和日本中部

正如每一个欣欣向荣的首都那样，东京的现代料理也融合了传统与全球风味。
位于东京西面的长野和日本阿尔卑斯山脉是山林野味的丰饶产地。

1

朴叶味噌

朴葉味噌

HOBAMISO

见58页

2

香酥炸虾球

海老しんじょう

EBISHINJYOU

见62页

3

玉米天妇罗

とうもろこし天ぷら

TOMOROKOSHI TEMPURA

见66页

4

米糠腌鲭鱼配米饭

こんかさばとご飯

KONKA SABA TO GOHAN

见68页

5

沙丁鱼寿司

いわしすし

IWASHI SUSHI

见72页

6

甜酱油牛肉饭团

牛しぐれおにぎり

GYU SHIGURE ONIGIRI

见76页

7

野生蘑菇：
涮滑子菇和烤香菇

野生きのこ：なめこしゃぶ
しゃぶと椎茸の炭火焼

YASEI KINOKO: NAMEKO
SHABUSHABU TO SHIITAKE
NO SUMIBIYAKI

见80页

8

素菜包

おやき

OYAKI

见84页

9

草莓刨冰

いちごかき氷

ICHIGO KAKIGORI

见88页

10

静冈风散寿司

静岡ちらし

SHIZUOKA CHIRASHI

见92页

11

鲕鱼炖萝卜配
海蕴拌味噌

ぶり大根ともずくの
味噌和え

BURI DAIKON TO
MOZUKU NO MISO AE

见98页

12

炸猪排

とんかつ

TONKATSU

见102页

13

日式茶碗蒸

茶碗蒸し

CHAWANMUSHI

见106页

14

植物森林
（鸡尾酒）

ボタニカルイン
ザフォレスト

BOTANIKARU IN
ZA FORESUTO

见110页

和风

ジャポニズム

JAPONIZUMU

见110页

15

日本甘酒

甘酒

AMAZAKE

见114页

朴叶味噌

朴葉味噌

HOBAMISO

在北平修子经营的古老日式旅馆中，传统完好地保留了下来。正是在这里，她丈夫的祖母开始制作朴叶味噌料理——用日本厚朴宽大的叶子盛着味噌，慢慢煨制。

业者//
北平修子，北平嗣二
Kitahira Nobuko, Kitahira Tsuguji

地点//
蕪水亭，向町
Busuitei, Mukaimachi
http://www.busuitei.co.jp

朴叶味噌（hobamiso）是岐阜（Gifu）的特别料理，一如众多地方料理，它也源于生活中最基本的需求。严寒之时，岐阜人餐桌上的选择相当有限，易于保存的腌制食品自然就应运而生。每家每户的屋子中央都设有围炉（囲炉裏，irori），在火坑中点燃明火，既能为冬日带来暖意，也可作为烹饪用火。除了直接将锅悬于火上之外，岐阜的人们还会在围炉周围放置若干大石块，石块受热后就变成了土法"电热板"。在石块上，他们可以烤制土豆或蔬菜，烹制煮物（nimono），或者将冷掉的食物再加热。石块上通常会放上一团味噌慢慢温着，用于蘸食。

1954年，北平修子（Kitahira Nobuko）的先辈北平春子（Kitahira Haruko）颇有魄力地将创新融入当地传统。她不再将味噌直接置于石上加热，而是给这种当地传统赋予了新意。她发现与其将味噌直接放在石头上加热，不如将其置于漂亮的朴叶（朴葉，hoba）上加热，这样能产生出馥郁的泥土芳香。而且，在那个年代，朴叶就是他们的"保鲜膜"，总能让食物存放得更久。朴叶味噌很快就成为岐阜菜谱里的中流砥柱。

从19世纪开始，日式旅馆蕪水亭（Busuitei）就俯瞰着两河交汇之处，它经受住了无数火光之灾和台风的侵袭，直到十几年前，一场毁灭性的洪灾来袭，他们不得不重建旅馆——将原来的别馆（同样是一栋百年老宅）迁移至旅馆原址，用以复建旅馆原有的结构。

今天，北平修子的丈夫北平嗣二（Kitahira Tsuguji）负责料理，修子则打理整家旅馆。许多日式旅馆的运营都需要三代人的共同协作，并且由女主人来经营，这样传统就能从老主人（大女将，oo-okami）传承到主人（女将，okami），进而再到小主人（若女将，waka-okami）手中。

"当我结婚并搬进这幢房子时，第三代的年纪已经不小了，我知道我必须马上学会所有的事情。"修子说道，"我的婆婆教我怎样制作朴叶味噌。味噌是米饭的绝配，即便当下大家的口味有所改变，而且有些人不怎么吃米饭了。老话说得好：好的朴叶味噌才能让你真正地享用米饭。"

朴叶味噌

朴葉味噌
HOBAMISO

供2~4人食用

准备时间：15分钟
烹饪时间：10分钟

100克浅棕色信州味噌（shinshumiso）

35克糖

8克老姜，粗粗剁碎，然后再用一块粗棉布（或干酪包布）包裹住姜挤干水

1大勺蔬菜油

80克葱（香葱），切细

2片日本厚朴叶（新落叶，长度至少达到25厘米），或者是烤盘纸

煮好的米饭，配合食用

1 准备好一个小的桌上烤架，让木炭烧至通红。如果你没有桌上烤架或日本厚朴叶，替代方法是在炉子上支一个烘盘，铺上烤盘纸来做这道菜。

2 在一个碗里混合味噌、糖、姜以及蔬菜油，形成糊状物。一边搅拌一边加入葱。

3 用水冲洗日本厚朴叶并晾干，切记不要直接擦干。把树叶放在烤架上最热的木炭上方，将味噌混合物铺展到叶子中间，确保不要超过叶子表面三分之一的面积。

4 置于炉子上煨2分钟，直到葱开始变软，味噌也开始变焦。好了的时候，树叶会散发出一种轻微的烟熏味、成熟芬芳。

5 接着，就上一碗米饭共食。修子说这道菜也非常适合搭配清新爽口的清酒。

香酥炸虾球

海老しんじょう
EBISHINJYOU

当你身在极为高雅的料亭"神保町 傳"中时,便会感受到那份舒适自在。料理人長谷川在佑将繁复的怀石料理发挥到了极致。他的拿手好戏是把像香酥炸虾球这样原本简单的菜式推向新的高度。

料理人 //
長谷川在佑
Hasegawa Zaiyu
地点 //
神保町 傳, 东京
Jimbocho Den, Tokyo
http://www.jimbochoden.
com/chinese/

怀石料理是一种将地区烹调方式与皇室盛宴、佛教寺庙菜肴的礼制惯例相互结合的料理。怀石料理的厨师们追求的哲学为"旬"(shun, 泛指应对时令、风物, 崇尚自然的思想), 在食材最为丰富可口、充满生气的时候, 将之入菜。它讲究的不单是食物的味道, 还包括如何摆放与展现这些食物, 让季节时令之物传递出繁荣、兴旺之感。于是, 一系列令人叫绝的精致碗碟, 仿佛在讲述着日本物语。怀石料理令20世纪70年代拜访日本的法国著名大厨们惊艳不已, 他们回到法国后便创立了精选美食菜单(degustation menu, 招牌菜)这一理念, 而由此诞生的特选菜单(tasting menu)则定义了今日的高端西餐。

在"傳"餐厅, 就算沙拉也不只是看上去那么简单。長谷川在佑使用不同的方法来料理每一种蔬菜: 有的生吃, 其他的则可以腌制、炖、烤、发酵或炒。为了让菜肴显得生动有趣, 你会很意外地在绿叶之间发现一两颗刻有笑脸的黄豆。

長谷川在佑成长于美食的世界, 他的母亲曾在神乐坂(神楽坂, Kagurazaka)的豪华料亭(Ryotei, 高级日本料理餐厅)从事艺伎表演, 不时会带些那里的寿司回家。最终, 他在这家餐厅担任学徒, 开始了厨师生涯。

他的香酥炸虾球做法在东京地区独树一帜, 因为别的餐厅传统上一般使用来自东京湾、味道浓郁且多汁的对虾(芝海老, shiba-ebi)。

"我在豪华料亭学会的这道料理, 也是我获准为客人烹饪的首道菜式。"長谷川说道。那时他刚刚18岁, 惴惴不安, 而他在创新和改良料理上的大跨步尚未开始。即便如此, 他继续说道: "只要手头有令我心喜的食材, 我仍然会亲手烹制这道料理——它令我回想起最初从事厨师的那些岁月。"

尽管这道菜的做法很简单, 但将香酥炸虾球炸得酥脆、清淡仍然是一门技艺。長谷川的特别之处正在于此: 把看似简单的炸虾球变成了讲究的艺术。

香酥炸虾球

海老しんじょう
EBISHINJYOU

供2人食用

准备时间: 30分钟
烹饪时间: 10~15分钟

200克对虾, 去壳, 去除虾背的肠线
半个小洋葱切细丝
50克土豆淀粉 (katakuriko)
半个蛋黄, 约15克
125毫升蔬菜油, 另准备一些油供炸虾
2大撮盐, 另准备一些富余的备用

1 用锋利的刀将半份虾细细剁成泥糊状, 大约需要10分钟。也可以使用食物料理机来完成。

2 将剩下的虾切碎, 约为米粒大小即可。

3 用一块干净的布轻轻地挤压洋葱, 吸取多余的水分。将洋葱放进小碗, 加入约10克土豆淀粉, 刚好可以均匀地包裹住洋葱。放在一旁待用。

4 另找一只碗, 放入蛋黄后搅拌。不断倒入油, 一次只倒入一滴, 不断打蛋, 直到蛋液呈乳液状。之后, 以稍快速度将剩下的油倒入, 继续搅拌以形成类似蛋黄酱的稠度。放在一旁待用。

5 用一个大碗将两种切法的对虾、裹着淀粉的洋葱和蛋液混在一起。把虾肉混合物捏成高尔夫球大小的丸子 (每个约重40克) 并放在盘子上。

6 在深口大锅里倒入足够的油, 深约3厘米, 中火加热至180℃ (用温度计测量)。如果插入一根筷子, 高温的油应该会剧烈地沸腾冒泡。

7 小心地把虾球滑入油锅, 可以分批放入以避免锅内过于拥挤。炸3~5分钟, 用木勺翻动, 直到整个虾球呈金棕色。用盐调味, 趁热食用。

料理人 //
近藤文夫
Kondo Fumio
地点 //
天ぷら近藤，东京
Tempura Kondo，Tokyo

玉米天妇罗
とうもろこし天ぷら
TOMOROKOSHI TEMPURA

天ぷら近藤（天妇罗近藤）餐厅的近藤文夫将天妇罗这种旧日小食带入现代社会，在赋予其轻盈、松脆的口感的同时还加入了朴实的时蔬，他也因此获得业内好评。

天妇罗在东京人的心目中占有特殊的地位，在过去的几个世纪里，这道菜在此地已经日臻完美。据说，这种将食材裹上面粉后用油炸的烹饪方法是17世纪时由踏上日本海岸的葡萄牙商人带来的。很快，这种烹饪法就在东京[彼时的东京还是封建都城，名为江户（Edo）]遇到追随者，旋即成为这座城市生动、成熟的餐桌文化的一部分。毫无疑问，数百年间，东京已经接纳了许许多多不同的外来餐饮方式，但天妇罗仍旧占据着极其重要的位置：有一家连锁快餐店专营天妇罗料理，甚至连好几家高端餐厅也是如此。

天ぷら近藤（Tempura Kondo）属于后者。料理人近藤文夫已制作天妇罗超过50年，而且正如大多数专门制作天妇罗的料理人一样，除此之外他什么菜都不做。它的米其林2星餐厅位于优雅、高档的银座——东京相当数量的顶级餐厅都位于此区域。不过，近藤朴实的风格令其与邻里餐厅颇为格格不入，反而更贴近于这个城市的传统工薪阶层街区——那正是他长大的地方。一周中的6天，他都会起早去东京的中央批发市场，挑选最诱人的时令海鲜和农产品，然后再根据所购入的食材设计当天的菜单。餐馆供应午餐和晚餐，他就在食客对面的柜台内现场烹饪，每次上菜只会端上一块天妇罗。

"配料十分简单，只有面粉和鸡蛋！"近藤说道。烹饪诀窍就在于对时间的把握：每一种食材都有其最佳的烹饪时间，这就取决于经验了。哪怕站在房间的另一边，近藤也能通过某种食材在油锅中发出的声音，辨别出食物是否已经炸好。传统上，天妇罗主要使用海鲜为原材料。当转而取材于蔬菜时，近藤制造了一次小小（但被抄袭得很严重）的烹饪革命：以他特有的轻柔手法来油炸，让食物变得丰满而湿润。任何分量够足的蔬菜都可以用来制作天妇罗。在天ぷら近藤，玉米天妇罗是一道夏季的特色菜，也是当季特选菜单上的亮点。

供8人作为前菜食用

准备时间: 10分钟
烹饪时间: 15~20分钟

芝麻油, 用于油炸

250毫升冰水

半个鸡蛋, 约15克

250克低筋面粉外加2大勺备用

5根玉米, 去除苞叶, 剥下玉米粒

海盐, 供调味

小贴士

天妇罗最好一次只炸一块。同时放入太多只会降低油锅温度, 最后的成品可能会过于油腻。

1 在一口大锅或平底锅内添加足够的芝麻油, 深约3厘米。加热至180℃。

2 热油的同时, 在容器 (最好是圆柱体) 或碗中倒入冰水。打入鸡蛋, 用力搅拌, 确保蛋白与水充分地混合在一起。撇去表面形成的所有泡沫。

3 将一半蛋水混合物倒入一个碗中并加入125克面粉。以轻柔的手势翻动拌匀, 注意速度不要过于轻快, 那样会使得面糊变得很黏。慢慢地加入剩下的蛋水混合物以及剩余的面粉, 继续搅拌。这种混合物应该是流质的, 更接近于牛奶而不是奶昔。

4 将6大匙玉米粒与2大匙面粉混合, 然后再在外面裹上一层面糊。

5 如果你没有厨用温度计, 可以扔一点面糊进热油中查看油温。如果油锅炼热, 油应该会发出噼啪声。

6 用漏勺将一半玉米从面糊中舀出, 再慢慢滑入油中, 尽量让玉米聚拢成一堆。用金属筷子将游离的玉米粒归队。一旦玉米粒成形, 就一点点往上加入更多的玉米粒面糊, 这样可以形成一个巨大的天妇罗, 然后继续炸, 直到整体变得金黄酥脆。翻转过来炸另外一面, 把两面都炸透 (天妇罗边缘的泡沫开始消散时就说明炸好了)。

7 用漏勺将天妇罗捞出, 整块放在厨用纸巾上以吸取多余的油分。将上面的步骤重复用于剩下的混合物, 直到玉米粒炸完。趁热上桌, 另配一碟海盐以供蘸食。

米糠腌鲭鱼配米饭

こんかさばとご飯

KONKA SABA TO GOHAN

20年前，在意大利接受培训的澳大利亚主厨本·弗拉特（Ben Flatt）爱上了能登半岛的发酵传统。他的经典米饭料理，特色是味道浓烈的腌鲭鱼，也是本地区与众不同之美食。

料理人//
本·弗拉特、船下智香子
Ben Flatt, Funashita
Chikako

地点//
ふらっと，能登町，石川县
Flatt's, Noto, Ishikawa
http://flatt.jp

能登半岛（Noto Hanto）是一片崎岖不平的土地，一些小小的渔村点缀于大海与多岩的内陆之间。地理上，能登与日本本土分隔，一年中大多数时候天气也不尽相同，因此发展出一种以发酵品为主流的美食文化。

传统的能登家庭仍然会在"しょけば"（shokeba，靠近厨房的储藏室）中贮藏发酵食品，其中最为常见的一幕就是：黄色的梅子将会发酵成梅干（梅干し，umeboshi），大豆发酵成味噌，而鱿鱼内脏则被发酵成鱼酱（いしり，ishiri）。在这片半岛上，鱼酱甚至早于酱油作为调味品使用。

本和他的妻子智香子（Chikako）一起经营日式旅馆。智香子的父亲船下智宏（Funashita Toshihiro）曾是备受尊敬的发酵大师，夫妻俩将船下先生制作鱼酱的秘方不断改良并发扬光大。他们将鱿鱼内脏与盐混合，然后让其发酵至少数年时间，最终变成这种深色且极鲜的佐料。

他们还使用当地盛产的鲭鱼和沙丁鱼来制作米糠腌鲭鱼（こんかさば，konkasaba）和米糠腌沙丁鱼（こんかいわし，konkaiwashi）。根据天气与湿度的不同，配料的分量以及所需的时间也会有所变化。制作时，他们会将鱼交错分层放入装有发酵米糠（nuka）、红辣椒丝和盐的桶中，放置最少1~2年时间。这种调制方法可以和最早期的寿司制作联系起来，那时候是将鱼放在发酵的大米中腌制，而这种方法是公元8世纪时由中国传入日本的。

"我们刚刚吃完了一些15年前做的米糠腌沙丁鱼，"智香子说道，"味道浓郁，甚至可以说到达了某种极致。"

在日本生活的几十年时间里，本已经学会了如何完美地将他对意大利料理的理解与当地能找到的食材融合。在他的日式旅馆供应晚餐时，米糠腌鲭鱼会搭配意大利橄榄油和蒜蓉酱，放在意大利面之上。而到了早上，米糠腌鲭鱼又和米饭（参见食谱）搭配在一起，作为传统日式早餐的一部分。

"这些发酵的方法正在渐渐消失，"本说道，"将之保留下来是我们的责任，无论是新手法还是老配方，最终呈现的都是美味。"

米糠腌鲭鱼配米饭

こんかさばとご飯

KONKA SABA TO GOHAN

供2人食用

准备时间: 20分钟
烹饪时间: 10分钟

220克煮好的日本米（见256页）

1块米糠腌鲭鱼鱼片，切成1厘米宽的鱼块，或是2块大的凤尾鱼鱼片，晾干

1片柿子树叶（柿の葉, kaki-no-ha），或是锡箔纸

1 提前加热木炭烤架，直到木炭被烧得通红。

2 将米糠腌鲭鱼放在柿子树叶（或一张锡箔纸）上，再摆到烤架边缘（而非最热的部位），烤到鱼开始出汁，6~7分钟。把鱼翻面，再用几分钟烤另外一面，直至鱼熟透。

3 把煮好的米饭盛在饭碗中，将鱼放在米饭上。这种鱼会是很好的下酒菜，特别是配上口味清爽的高级清酒纯米大吟酿（jyunmaisake）食用。"但恐怕不适合早饭。"本说道。

小贴士

发酵米糠在日本别的地方也被用来将茄子、萝卜、黄瓜和卷心菜制成腌制品"糠渍"（糠漬け，nukazuke）。腌制食物时，有时会先烘烤米糠，然后加水加盐发酵成糊状物。

沙丁鱼寿司

いわし寿司

IWASHI SUSHI

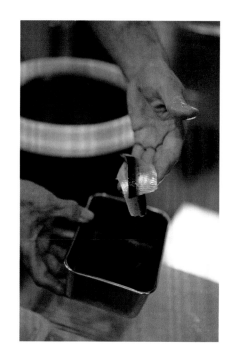

作为日本料理中最为标志性的菜肴，寿司就是简单的生鱼片与用醋调味过的米饭。油井隆一专注于传统的东京式寿司。

如果认为寿司只有"趁新鲜食用"一途的话，就大错特错了。"有些时候，我会买一条鱼，然后研究一下这种鱼放到第二天会不会变得更美味。"㐂（通"喜"字）寿司的油井隆一说道。虽然已经73岁，这位作为第三代传人的寿司师傅仍然每天早上骑着小摩托去鱼市购买食材。

传统上，寿司是一种延长鱼肉保存时间的方式——这就是为什么以前寿司里的鱼通常经过腌制，以及至今寿司饭中依然需要加醋，一开始寿司曾写作"酢し"，可见它与醋密不可分。自从有了现代运输和冷藏技术，鱼肉可以更新鲜、更快速地被制成寿司。有些颇有历史的寿司店，兼顾了古法与现代技艺，㐂寿司就是其中之一。油井制作的寿司被称作江户前（Edo-mae）寿司，起意于东京的旧称江户（Edo），这种手法约成形于20世纪初。没错，我们说的便是握寿司（握り寿司，nigiri-sushi）——用手将鱼和米饭捏成寿司，今天，握寿司在全球范围内已经几乎等于"寿司"这个概念了。但是，油井仍会使用老式腌制技巧，比如把鱼用盐或醋腌渍，这种料理方法可以追溯到他的祖父初创此店的年代。那个时候，寿司只使用东京湾里打捞的海产，鱿鱼、章鱼、鳐鱼和鳗鱼等经典的寿司食材（ネタ，neta）仍然是㐂寿司使用的主要原料。沙丁鱼（いわし，iwashi）寿司则是传统烹制方式的另一种体现，可以让你充分体验老式手法：油脂满溢的沙丁鱼带着些许腥味，融合了盐、醋、姜和香葱的味道。就让这种丰富而复杂的滋味包裹你的味蕾吧。

或许你已经知道，学习如何做寿司要花上数年甚至十几年时间。油井进一步解释道，光学习如何经营一家寿司店，了解什么该做什么不该做，就至少需要花费几年时间。但他补充道："如果只是自己想做点寿司吃，短短一周就能学会。"当年，他在自家的店里当学徒，干的是泡茶、送外卖这样的杂活，他用豆渣（おから，okara）来练习捏寿司的技巧，因为米饭更珍贵，不能浪费。

料理人//
油井隆一
Yui Ryuichi
地点//
㐂寿司，东京
Kizushi, Tokyo

沙丁鱼寿司

いわし寿司

IWASHI SUSHI

供2人食用（制作12个寿司）

准备时间: 35分钟

准备沙丁鱼

12条去骨切片的沙丁鱼

150毫升白醋

150毫升红醋（可能的话, 最好是以清酒酒粕制成的）

1大勺细姜蓉

1大勺细香葱末

200毫升水

寿司酱油, 用以刷鱼入味

准备寿司米饭

100克日本米, 按照256页的菜谱煮熟

半大勺白醋

半大勺红醋（可能的话, 最好是以清酒酒粕制成的）

1小勺盐

小贴士

有好几种类型的经典握寿司制作方法。油井使用的是自称为"华尔兹"流派的方式——需要在双手之间将寿司相互传递三次。

---

1 将沙丁鱼片带皮的一面朝下放置, 然后撒上大量盐, 静置15分钟。

2 与此同时, 将红醋和白醋在一个量杯中混合。将混合醋倒进一个浅口碗, 大概200毫升。把剩余的混合醋加入200毫升水后倒入另一个浅口碗——这碗混合液体将用来蘸手。

3 把煮好的米饭放入一个大碗中, 加入醋和盐。用木铲翻动米饭, 让它凉至接近室温。

4 用流动的冷水彻底洗净沙丁鱼片, 将盐去除。把鱼片切成两段, 迅速地浸入混合醋中。然后用纸巾轻轻拍干, 用手轻柔地去除鱼皮。

5 将你的手浸入水醋混合物——这能防止手太黏。取少量寿司米饭, 分量约为1大匙, 放在一只手中。快速地用手势将米饭捏成长条形, 注意不要挤压得太紧, 只需握到让米饭刚好成形即可。

6 另一只手拿两片鱼, 将鱼交叠——这样鱼就能悬垂于米饭之上, 原本带皮的一面朝下放置在掌心。把一小团姜蓉和少量葱末放在鱼身下面, 然后再把米饭放在鱼之上。反复按压三次, 用双手轻轻地将鱼和米饭捏在一起。

7 在寿司的顶部刷一点酱油, 放在菜盘上。按照此步骤一个一个做寿司, 直至完成, 这期间需要保持双手湿润。寿司做好后建议马上食用。

甜酱油牛肉饭团

牛しぐれおにぎり

GYU SHIGURE ONIGIRI

夹有美味小吃的饭团就相当于日本的三明治——方便携带,而且用料完全取决于个人口味。对饭团大师、三浦陽介的祖母来说,饭团的秘诀在于完美的米饭。

宿六是东京最为古老的饭团店。"宿——yado意为'家',六——roku则来自于ろくでなし(rokudenashi)一词,意思是'懒虫'。" 三浦陽介解释道:"我的祖母总是说,她开这家店完全是为了某位懒虫——我的祖父。"

当宿六于1954年首度开售饭团时,白米饭仍然是奢侈的象征。今天,在全日本每个便利商店(コンビニ,conbini)中都可以找到饭团的身影。三浦仍像旧时那样珍视宝贵的米饭,就连外卖订单的包装也是使用経木(kyougi,一种杉木薄片)而非塑料袋,宿六的饭团与其他普通饭团的差别正在于此。

在宿六,热腾腾的饭团捏得恰到好处,咬下去时,每一粒米都可以在口腔中融化,而按照惯例,包裹在饭团外的海苔(のり,nori)仍然松脆无比。宿六每次都会供应多种不同的馅料选择,其中一些是每日特别供应。菜单上的饭团可能会有梅干、盐腌三文鱼、小银鱼(しらす,shirasu)、味噌姜泥酱、山牛蒡(やまごぼう,yamagobo),或是一些轻微腌制的蔬菜选择。

在今天的东京,最常见的饭团是三角形的,代表着神道教(神道,Shinto)传统中与自然的和谐相处的精神。在日本的其他地方,饭团可以是椭圆形、扁圆形或者球形的。如果家里恰好有位巧手妈妈,孩子的便当盒中还会出现Hello Kitty样式的饭团。

为了确保米饭的质量,陽介通常都使用越光米(コシヒカリ,Koshihikari),这是一种产自新潟县(新潟,Niigata)的短粳香米品种。"若是某次收成的质量不佳,我就会使用其他的稻米品种,确保饭团十足的黏性和香味。"三浦说道。就馅料而言,他会在筑地市场(築地市場,Tsukiji Ichiba)和旅行时一边闲逛一边挑选,再确定选材。他也会从网上的菜谱中获取灵感,如他所说:"即使坚守传统,你也需要保持新鲜的想法。"

料理人//
三浦陽介
Miura Yosuke
地点//
おにぎり浅草宿六, 东京
Onigiri Asakusa
Yadoroku, Tokyo
http://onigiriyadoroku.
com

甜酱油牛肉饭团

牛しぐれおにぎり
GYU SHIGURE ONIGIRI

供1~2人食用（制作4个饭团）

准备时间：30分钟
烹饪时间：1.5小时

2~4片海苔（视大小而定）

4块腌萝卜（たくあん漬け，takuantsuke）切片

盐，备用

准备牛肉

200克牛肉，切成肉丝，挑选牛里脊肉最佳

1大勺水

3大勺日本料理酒

2大勺味醂（Mirin，类似米酒的调味料）

3大勺浓口酱油

3毫米姜片

少量干日本花椒（山椒，sansho）

1大勺糖

准备米饭

150克日本米

180毫升水

小贴士

尽量让米饭和馅料同时热好，这样可以同时制作。如果想要素食版，可以将牛肉替换为蔬菜，比如香菇或根菜类蔬菜。

---

1 首先，在一个平底锅中煎牛肉，开中低火，直到肉开始变色（如果你选用了较肥的牛肉，就不必加油）。加水，之后是清酒、味醂和酱油，再轻煨几分钟。当锅里的液体开始变少时，加姜片、日本花椒和糖，然后用锅盖半盖住。留意火候，小心不要烧焦，继续煨几分钟，或是等到大部分汤汁都煮干。

2 把米放在流动的冷水中冲洗，直到水变清（三浦更喜欢保留一些米糠，所以他只稍微把米冲洗几次）。把米放在滤网里沥水30分钟。

3 在一个大的炖锅中将米和水混合，用一个较重的盖子盖上，放置1小时。然后放在大火上煮。当水开始沸腾时，转成中低火，继续煮18分钟，直到蒸汽消退，米饭刚好熟软。

4 关火，保持合盖状态继续放置15分钟。开盖后用铲子翻动米饭，准备开始捏饭团。

5 捏饭团方法：当米饭温度适中时——不太热也不太冷，否则就无法恰到好处地粘在一起。用干净的双手稍稍蘸水保持湿润，然后在一边的掌心上撒一点盐。轻拍双手，让盐分布在两边掌心，掸去多余的。一只手取一些米饭（约70克），另一只手用轻微力道把米饭捏成平板圆形，再在中心压出一个凹陷。

6 将不满一大勺的馅放入凹陷部位，轻轻地捏塑，用米饭按压盖住馅料。不停转动、按压米饭以形成三角形。

7 切一片海苔下来，长度至少需要达到三角形饭团的2倍，而宽度要比饭团略宽一些。将海苔包裹住每个饭团，海苔一头的最后几厘米无须黏合。和腌萝卜一起上桌，趁热食用。

三浦陽介仍然使用他祖母最原始的木制模具来给饭团塑形。模具的边缘如今已磨损得很厉害了，因此他开玩笑称，这样客人每天都能买到更大分量的饭团。用模具来给饭团塑形而又不让饭团压得太死，是对精湛技艺的考验。对初学者而言，还是从双手和一张平面桌开始吧。

野生蘑菇：
涮滑子菇和烤香菇

野生きのこ：
なめこしゃぶしゃぶと椎茸の炭火焼

YASEI KINOKO:
NAMEKO SHABUSHABU TO SHIITAKE NO
SUMIBIYAKI

每年秋天，在长野白雪皑皑的山野中，門脇秋彦都会穿梭在松针之间，搜寻野生蘑菇的身影。他的料理之道相当简朴。村中的温泉滋养了当地人数百年，門脇也靠温泉来烹制菜肴。

毛無山（Kenashi Yama）下的野泽村（野沢，Nozawa）中，門脇秋彦和妻子せつこ（Setsuko）经营着丸中ロッヂ（Marunaka Lodge）这家小小的民宿（minshuku）。秋天来临时，他就会在这片山坡上寻觅野生蘑菇的踪迹。

长野（Nagano）有着凉爽、潮湿的内陆气候，以盛产菌菇闻名。今天，日本境内几乎所有人工种植的蘑菇均起源于此，而日本的野生菌类也有约5%的品种来自长野。如今在山野中采摘蘑菇的人已经不多了，門脇是其中之一。

日本髭羚（カモシカ，kamoshika，长得有点像山羊也有点像野猪）也让他学到一些辨认蘑菇的技巧。"它们总是知道哪些蘑菇最美味。"門脇说道。此后他采用被称为原木栽培（genbokusaibai）的野外种植法，将橡树和山毛榉的原木放置在森林的地面上，再接种上极小的真菌孢子。

虽然野生菌菇和超市里出售的批量种植蘑菇看上去差不多，但无论味道还是质地都有天壤之别。野生滑子菇（なめこ，nameko）是一种淡黄色、凝胶状的蘑菇，带有泥土的芬芳，很有嚼头；而以原木栽培法种植的香菇鲜味浓郁，质感可与嫩牛排媲美。

秋天，門脇会带着客人一同寻找蘑菇。他的民宿中供应的大部分蘑菇，只生长于长野的山区，这也是拜访野泽村一个足够充分的理由。

另一大理由就是去体验这里的天然温泉。在村子的中心，三股温泉分别流入开放式的池子，从1557年起，这些池子就被专门留做烹饪之用。每个池子的温度都恒定不变，分别是90℃、80℃和70℃，而門脇则用它们来漂烫蔬菜。他说，既然靠山则要吃山，简简单单的原汁原味才是他喜欢的料理之道。

业者//
門脇秋彦
Kadowaki Akihiko
地点//
丸中ロッヂ，长野
Marunaka Lodge, Nagano
http://marunakalodge.
com

野生蘑菇：涮滑子菇和烤香菇

野生きのこ：なめこしゃぶしゃぶと椎茸の炭火焼
YASEI KINOKO:
NAMEKO SHABUSHABU TO SHIITAKE NO SUMIBIYAKI

供2人食用

准备时间：1小时
烹饪时间：30分钟

2个滑子菇（最好是野生滑子菇，直径达到约10厘米。如果找不到大的，就用几簇小的替代）

1个柠檬

细海盐或浓口酱油，用于调味

1个香菇

1 去除滑子菇茎干上过硬的部分后，将其在水中浸泡1小时。

2 提前加热七轮（七輪，shichirin，小型桌上烤架），直到木炭通红。或者也可以将烘烤机调至高温挡。用一块干净的干布将香菇拭干，去除茎干上过硬的部分，注意不要把茎干都摘光了。

3 准备好做菜时，在香菇下方撒上一些盐。香菇的烤制时间为2~3分钟，或是当你观察到它们已轻微烤焦、开始出一点点汁时就好了。

4 同时，将炖锅加水后烧开，将滑子菇烫洗1~2分钟。当菇子开始冒出小气泡时，就做好了。捞出后沥干水。挤柠檬汁滴在滑子菇的伞盖下方，再撒一点盐或是用酱油调味。

5 将香菇茎干朝上上菜，直接上手开吃。滑子菇需要趁热食用，用筷子吃。

会说话的食材

在日本料理中，食材的选用不单取决于味道，它们的颜色和形状也预示着好兆头，而其名称则通常传递着更深的意味。这些名字的含义最初来自佛教和中国传统习俗，在节日里扮演着重要角色，届时人们会准备特别的食物庆祝佳节。比如每年的女儿节（ひなまつり，Hinamatsuri，女性的节日）时，食物颜色所代表的意思很重要。麻糬（もち，mochi）是类似糯米年糕的糕点，形状多样：白色代表丰饶，粉色代表纯洁，绿色代表长寿，而黄色则代表春天和新的开始。在庆祝新年时，家人会一起吃圆鼓鼓的黑豆（くろまめ，kuromame）——寓意成功（"まめ，mame"还有一层意思是勤勉），以及蛋卷（伊達卷，datemaki）——寓意智慧，因为蛋卷的形状看上去像是书卷轴。

素菜包

おやき

OYAKI

上野善光寺旁的小食店内，有一群被称为"农人之母"的女性，当她们极有嚼头的素菜包腾着热气出炉时，过往的路人都会难以抗拒地驻足尝鲜。这家店的主人就是吉川朋江。

业者//
吉川朋江
Yoshikawa Tomoe
地点//
山野草，长野
Sanyasou, Nagano

多年前，吉川朋江的山野草（Sanyasou）开业，这是她试图将长野的当地特产重新带回餐桌上所做的努力之一。作为多山的地区，此处已变成都市居民的度假目的地，农人们则渐渐被边缘化。

在自己店铺成长的同时，那些与吉川有着类似经历的人们开始变成了这里的新成员。"我们中许多人的孩子都是农民，所以隔三岔五就会有人要去帮忙采收苹果或葡萄。"她说道："这种事情大家都能理解，我们就换班互相帮忙。"

山野草的女性们从附近村镇的包子（おやき，oyaki）达人那里，学到了烹制包子的技巧。那位达人也是一位农人之母，她做的包子皮采用不发酵的死面，更有嚼头，包子馅则使用日式渍物（泡菜）或红烧蔬菜，最后将包子放在围炉（iror，日式家庭中的明火火坑）边缘烤熟。在长野，每个村子在做包子这件事上都有所差异，比如包子皮，用白面的自不必多说，还有用荞麦面或者大米为材料的，甚至还有用橡树叶包米饭做包子的。

在山野草，她们采用的面粉能让包子在笼屉中蒸熟后呈现微微的金黄色。包子馅取材于当地农人的收成，南瓜（かぼちゃ，kabocha）、红豆（小豆，azuki）和油菜叶（野沢菜，nozawana）渍是冬季的特色，春季多用带点苦味的蜂斗菜（蕗の薹，fukinotou）菜心，夏天常见的馅料是甜洋葱或茗荷（myouga）片，秋天的主角便是萝卜叶。

当房地产开发兴起时，吉川朋江和丈夫卖掉了他们距离山野草仅10分钟路程的稻田和苹果地。"再也没有临近的农田了，这点很悲哀。我们的朋友在山脚下种植，开车过去要1个小时。"她说道。吉川朋江设法保留下来一片小花园，足够为家人提供食物。

"所以，事实上，我们并不仅仅是农人的母亲，"她强调道："我们自己就是不折不扣的农人。"

素菜包

おやき

OYAKI

供4～6人食用（制作约20个包子）

准备时间：2.5小时
烹饪时间：15分钟

准备面团

300克全麦面粉

50克低筋面粉或自发面粉

250毫升水

准备馅料

2公斤切碎的混合卷心菜，整齐切好的白萝卜和胡萝卜

160克黄味噌（普通味噌）

40克糖

4大勺蔬菜油

1大勺鲣鱼高汤（见257页）或水

准备蔬菜和甜味噌

1个茄子或白萝卜，切片

准备甜味噌

300克黄味噌（普通味噌）

100克糖

50毫升蔬菜油

1大勺鲣鱼高汤（见257页）或水

准备红薯与甜红豆糊

2个红薯，削皮，切成薄圆片

225克红豆糊，加糖调味

盐，以供调味

1 正确处理好面团是关键。找个大碗将两种面粉混合，然后慢慢加入水，用筷子搅拌直至完全混匀。用保鲜膜盖住，让面团发酵2小时。

2 与此同时，开始准备馅料。用蒸锅蒸蔬菜，直到蔬菜开始变软，保留一点点生脆很重要。出锅放凉后挤压掉多余的汁液。把蒸好的蔬菜放在另一个大碗内。

3 用容器将味噌、糖、蔬菜油和鲣鱼高汤混合在一起。将混合物倒入装有蒸蔬菜的大碗，充分搅拌。

4 将蔬菜馅料分成20份，揉成球形。面团同样处理成20份。

5 想要做包子皮的话，取一份面团，放在轻撒过面粉的桌面上。用一只手的掌心（或者擀面杖）把面团压平成圆形面皮，直径约10厘米，厚度约2毫米。尽量设法让面团的中心相比边缘略厚一些。

6 将一份馅料放在面皮中心。折起面皮，把它捏成一个球状，将边缘压紧。

7 金属蒸笼垫好湿布，将包子放进去蒸13分钟，直到包子皮颜色变得不再透明，中心部分也熟透。

8 蒸好后，立刻上桌。或者，你也可以用不粘锅，开中火把包子煎1~2分钟，每一面都轻微发黄时便说明煎好了。

蔬菜和甜味噌馅料的做法

1 用炖锅将水烧开，将茄子入水氽几分钟，直到茄子变软。捞出，沥干水。

2 想要做甜味噌酱，将味噌、糖、蔬菜油和鲣鱼高汤在碗中混合。将味噌酱涂抹在两片切成薄片蔬菜之间，像是味噌三明治。

红薯和甜红豆糊馅料的做法

1 用盐给红薯调味。

2 将一片红薯抹上红豆糊，再用另一片红薯像夹三明治一样将豆糊夹在中间。

草莓刨冰

いちごかき氷

ICHIGO KAKIGORI

日本潮湿闷热的夏季离不开刨冰，它的质地如棉花糖一般绵软。栃木县的和人堂仍然使用古法制作刨冰，冰块取自上个冬天的天然存冰。

菊池和男（Kikuchi Kazuo）出人意料地开始了自己人生的"第二春"。4年之前，这位73岁的退休建筑师在农贸市场的停车场里开了一家路边小摊，专卖刨冰（かき氷，kagikori）。他和他的平面设计师儿子一起搭建了这个墙板结构的摊位。如今，和人堂已成为县内最受欢迎的刨冰店，还吸引了不少慕名而来的粉丝。闷热的夏日午后，你很可能要排1小时队才能吃上这碗刨冰。

想知道他的秘诀？说来也巧，菊池和男的一位旧识正好懂得古法制冰，这种人现今在全日本也找不到几个了。所谓的古法，便是用池子收集山间雪融水，再让水冬天自然结冰。结冰的速度约为每天1厘米，一年取用3次，采挖时很像动画片《冰雪奇缘》（Frozen）里演的那样，切成块状，如砍伐木料。

因为运用了慢结冰的天然冰块，菊池和男的刨冰松软绵润，与众不同。他也会参与取冰的过程。"我可不愿意跟其他刨冰店一样，从别人手里买冰块，刨一下就卖。那样的话，这碗刨冰我只参与了2分钟。我想要从最开始就参与进来，和我的顾客一起分享这种体验。"他还强调："我不希望古法就此凋零。"

话说回来，他还是会使用电机来切割冰块，而非老式的钻冰手柄，尽管他也承认后者会更原汁原味。如今，许多日本家庭都不会在家里放太多厨房用具，但他们还是会留一台经典的桌面手柄式刨削机。每年夏天，这台机器都会暂别储藏室，重见天日。

刨冰可以用调味过的糖浆和炼乳作为甜味剂。和人堂的特色是一种以当地生长的草莓制成的糖浆。这种味道会让人回忆起童年时光，虽然许多和人堂的常客早已过了天真烂漫的年纪。

刨冰和甜筒冰激凌的差别就在于它蓬松的特质。想要在自己的家中做出这样的效果，菊池和男推荐使用1℃的冰（而不是刚从冰箱里拿出来时的-10℃）。

业者//
菊池和男
Kikuchi Kazuo

地点//
和人堂，栃木
Wajindo, Tochigi

草莓刨冰

いちごかき氷
ICHIGO KAKIGORI

供4人食用

准备时间：15分钟
烹饪时间：4~5分钟

准备糖浆

250克草莓，去除蒂部

225克糖

250毫升水

半大勺柠檬汁

准备刨冰，每人

1.4公斤冰（越大块越好）

甜炼乳（可选）

1 制作糖浆需要将草莓、糖和水放在炖锅中，开中高火煮开。然后煨4~5分钟，确保糖完全融化，然后从灶台上端走炖锅，放在一旁完全放凉。

2 糖浆放凉之后，加入柠檬汁一起放入搅拌机或食物料理机内混合搅拌，打至奶昔状。

3 将冰块从冷冻室里取出，放在室温条件下，当冰块从浑浊变透明，就说明温度合适了（这是让刨冰松软的关键）。

4 将2大勺糖浆放入碗中。用日式刨冰机刨三分之一的冰。把刨好的冰放入碗中，再加入4汤匙糖浆，如果想增加牛奶口味，可放一些甜炼乳来调味。重复此步骤，直至最上面一层盖上冰，然后立刻上桌。剩余的糖浆可以放在冷冻室里，下次使用前再解冻。

小贴士

日式刨冰机在网上很容易就可以买到。

静冈风散寿司

静冈ちらし
SHIZUOKA CHIRASHI

在静冈，调味散寿司是当地的料理之光。日本的女性寿司师傅少之又少，其中负有盛名的更是凤毛麟角，而千叶由美便是其中之一，她的寿司使用腌制过的鱼肉，米饭则采用昆布、绿茶和芝麻调味。

从古至今，寿司料理台后的身影只有男性，他们认为女性的手温过高，味觉也不靠谱。或许这就是多年以来，千叶由美无法在家族餐厅中学习制作寿司的原因吧。直到她大学毕业并经历了许许多多后，才如同她的父亲和叔叔一样，在这份家族生意中找到了属于自己的一席之地。事实证明千叶由美不单有敏锐的味觉，还有灵巧的双手。

她的寿司修行自16年前以并不常用于寿司的竹荚鱼（アジ, aji）开始，而竹荚鱼现在也成为她菜单上的主角之一。之后她逐渐掌握了卷寿司（卷きすし, makisushi）的手艺，进而学会了握寿司（握りすし, nigiri-sushi）。她觉得经典的江户前寿司（Edo-mae sushi）很有挑战性——这种寿司使用的是腌制鱼，还需要掌握特别的刀工来处理鱼，非常有意思。

江户时代（1603~1868年）的寿司用醋饭打底，上面摆着用醋或酱油腌制而成的鱼肉，放在木盒内压紧后切成块状或柱状食用。当时，静冈（Shizuoka）的一间茶室以五目寿司（gomoku-zushi）而闻名，这种寿司采用金枪鱼、当地产的樱花虾、渍物、绿茶和芥末这五样食材做成，它便是如今散寿司（ちらし, chirashi）的前身。千叶由美的散寿司自然也不是放在盒子里的押寿司，其特色是腌制的各种食材精致无比地妆点于米饭之上。

千叶指出，女性一直都是寿司制作的参与者，只不过她们都隐身于后厨而已。她的母亲便在餐厅的厨房制作卷寿司，而作为寿司师傅的父亲则在前面的料理台制作握寿司。

在制作寿司的厨房内，通往职人（職人, shokunin）的道路极其严格，由美说："许多人出于传统，不太能接受让女人制作寿司。但重要的是，应该让掌握了寿司制作的女性能够有前行的路，比如江户前寿司，现在能制作的地方已经是凤毛麟角了。如果之前从未有过女寿司师傅，大家又怎么知道女性不能做寿司呢？"

料理人 //
千叶由美
Chiba Yumi
地点 //
穴子の魚竹寿し，静冈
Anago no Uotake Sushi,
Shizuoka
http://www.uotakesushi.
com

静冈风散寿司

静冈ちらし
SHIZUOKA CHIRASHI

供4人食用

准备时间：2小时
烹饪时间：1.5小时

准备煎蛋卷

4个大鸡蛋

50毫升鲣鱼高汤（见257页）

半小勺淡口酱油

50克糖

半小勺盐

2~3大勺蔬菜油

准备调味米饭

450克日本米

几块干昆布，每块约7.5厘米长，洗净

75克米醋

60克糖

20克盐

准备金枪鱼

4小勺淡口酱油

4小勺味醂

1小勺糖

4小勺日本料理酒

2大勺鲣鱼高汤（见257页）

60克金枪鱼，切成1.5厘米的块状

1 首先做煎蛋卷。在碗里将鸡蛋与鲣鱼高汤、酱油、糖和盐一起搅拌。

2 用一个专门制作日式煎蛋卷（卵烧き，tamago-yaki）的长方形平底锅热油，也可以用平底不粘煎锅替代，开中高火。锅热了之后，倒出多余的油。放入一满勺蛋液混合物，分量刚刚好可以在锅底形成均匀的薄层。静候几秒让蛋皮煎好，然后用筷子将蛋皮卷成卷，放在锅中远离自己的一端。放一满勺蛋液混合物（如果怕煳锅可以再往锅里加一点油），将锅倾斜以摊平，并且稍微抬起之前做好的蛋卷，让蛋卷下方也浸润到蛋液。静候几秒，将之前烹好的蛋卷往自己方向卷起新摊好的蛋皮，再推回至锅中远离自己的一端。一次次重复此步骤，直到蛋液用完。

3 从锅中取出蛋卷，放在砧板上。将两头修整齐，然后切成小块。放在一旁。

4 下一步，做米饭。淘洗大米，直到水清澈为止，放在滤网上20~30分钟以沥水。把米放入带盖的大炖锅内，倒入足够多的水，大约盖过米的表面1厘米。加入几块昆布，确保昆布能盖住大部分的大米表面，然后按照256页的步骤煮饭。

5 把醋、糖和盐在一个碗中拌匀，放在一旁。

准备上菜

少量绿茶粉（比如抹茶）

1.5大勺磨好的白芝麻籽

少量磨好的木鱼花（鰹節，katsuobushi）

80克提前煮好、切好的河鳗（うなぎ，unagi，日本食品超市有售）

20克调味海苔（日本超市中有售）

60克腌鲭鱼（竹荚鱼或鲭鱼都行，日本食品超市有售），切块

40克鱿鱼，洗干净，切成1厘米大小的块状

腌好的姜

研磨好的新鲜芥末或芥末酱

4个小番茄，切成4瓣

1.5大勺飞鱼子（飛子，tobiko）或是三文鱼子（いくら，ikura），日本食品超市均有售

20克煮熟的甜虾，粗粗切好

6 米饭做好之后，移除昆布。趁米饭还热的时候，在上面洒上调好的醋汁，用铲子或大勺不断搅拌、松动米饭。

7 准备金枪鱼，先将酱油、味醂、糖、日本料理酒和鲣鱼高汤放在一个小炖锅中，然后放到炉子上烹煮。煮好之后从灶上挪走，完全放凉。

8 将金枪鱼块放在一个浅口碗中，将放凉后的酱油味醂混合物倒进去。让鱼肉与汁水浸泡5~10分钟，直到金枪鱼颜色开始变深，然后把汁水倒掉。

9 上桌时，将米饭盛在一个宽沿碗中。在米饭上撒上绿茶粉、磨好的芝麻籽和木鱼花。接着，把海鲜摆在米饭上，先放金枪鱼，然后是河鳗、佃煮（つくだに，tsukudani，用酱油和砂糖来煮过的食材，多为小鱼、海带或蔬菜）、鲭鱼、鱿鱼和煎蛋卷条，把这些放成一个圆形，中间留空用于放置腌好的姜和芥末，周围摆上小番茄块。最后，将飞鱼子和切好的虾零星撒在上面。

"如果之前从未有过女寿司师傅，
大家又怎么知道女性不能做寿司呢？"

鰤鱼炖萝卜配
海蕴拌味噌

ぶり大根ともずくの味噌和え

BURI DAIKON TO MOZUKU NO MISO AE

在轮岛，海洋就意味着所有的生活。冒着刺骨严寒潜入海中的海女，为田中孝一家的民宿供应鲜鱼和海藻。

能 登半岛如同一道银色的尖刺，悬崖嶙峋地刺向大海。在半岛北侧的轮岛市，田中孝一经营着家传的民宿。轮岛市面对的海域中，每年秋季都会有大量的鰤鱼（ぶり，buri）群迁徙经过，那正好也是鰤鱼肉质最为鲜美的时节。彼时天气渐冷，当地的白萝卜也开始有了怡人的甜味，加上油脂丰富的鰤鱼一起炖煮，便是田中的拿手菜。

"在轮岛（輪島，Wajima），每家烹制的鰤鱼炖萝卜都拥有自家独特的口味。"孝一说道，"对于当地人来说，吃到这道菜，便会想起自己的母亲。"

一般来说，海女（ama，不带辅助呼吸装置潜入海底捕捞海产品的女性）的丈夫会开船去钓鰤鱼，然后带回岸上交给妻子进行贩卖。事实上，许多渔夫的妻子在淡季就会担当起海女的工作。

16世纪中期，入侵轮岛的大名（当地领主）认为当地渔场富饶，有利可图，第一位海女便随之诞生。那时的男人畏惧当地寒冷又湍急的海水，不肯下海捕捞，而任劳任怨的海女则仅仅身着缠腰布（サイジ，saiji，能登方言）和包头布（手ぬぐい，tenugui）就能潜入深水，每次可以屏住呼吸长达数分钟。到20世纪60年代，许多海女都更新了自己的装备，添置了护目镜和潜水服，用以捕捞鲍鱼、螃蟹、海藻和珍珠。

现在，轮岛约有150位海女，这些活跃的海女平均年龄都60多岁了。由于海产数量减少，如今她们只被允许在每年7月至9月的7:00~10:00下海捕捞。

在如此短暂的捕捞季里，她们仍然会潜水打捞海蕴（もずく，mozuku），这是一种偏爱生长在暖洋流之下5米处的海藻。夏天时，田中孝一会用一点点醋搭配新鲜的海蕴做成凉菜，其他季节则用味噌来调味。这种海藻味道特别，明快而丰富的咸味，正是海的味道。

田中认为，只要大海还在，海女就不会消失。他告诉我们，现在已有7位女性跟随她们的母亲和祖母潜入水中，开始海女的训练。

业者//
田中孝一
Tanaka Kouichi
地点//
お宿たなか，石川县
Oyado Tanaka, Ishikawa

鰤鱼炖萝卜配海蕴拌味噌

ぶり大根ともずくの味噌和え

BURI DAIKON TO MOZUKU NO MISO AE

供4人食用

准备时间: 30分钟加上放凉的时间
烹饪时间: 3.5小时

1个白萝卜, 只取上半部分, 削皮并切成2厘米厚的块状

少量生米

4块鰤鱼肉块, 约220克, 最好取鱼背而非鱼肚部分

3升鲣鱼高汤 (见257页)

250毫升日本料理酒

100毫升淡口酱油

500毫升浓口酱油

250毫升味醂

3~5大勺糖

2块拇指大小的姜, 其中一块切成火柴粗细的姜丝

准备海蕴拌味噌

5大匙味噌, 米酒曲制的最佳

3棵葱 (香葱), 只取葱叶部分, 切段

3大勺糖

50毫升日本料理酒

200克海蕴 (新鲜的最好, 没有的话用干海蕴泡水发制也可), 或是盐渍海蕴 (塩もずく, shio-mozuku), 仔细洗净

少许白醋, 提升鲜味

1 将切好的萝卜的棱角削去 [这种日式烹饪中的刀法被称为 "面取り" (mentori)], 这样就可以防止萝卜在炖煮的时候散掉。

2 将萝卜放入大炖锅内, 加水直至没过萝卜, 再加些许大米 (可以让萝卜炖得更烂)。水开后以中火煮约10分钟。用漏勺捞出萝卜 (放在一旁), 并将煮过的汤用滤网过滤后, 重新放回锅内。

3 提前加热木炭烤架, 把木炭烧热 (也可用煎锅或烤炉代替)。以小火慢烤鱼块, 5~6分钟翻一次, 两面均变为褐色时便已烤好。将鱼块取下, 以开水冲洗, 去除多余的油脂。

4 将鰤鱼、鲣鱼高汤、日本料理酒、两种酱油、味醂、糖和一整块生姜放入装着萝卜汤的锅内, 同时放入煮好的萝卜。小火煨1.5小时。然后关火, 盖着盖子继续放置2小时。

5 准备海蕴时, 将味噌、香葱、糖和日本料理酒在碗中搅匀, 放在一旁。

6 用冷水冲洗海蕴, 沥干。放一锅水煮开后加入海蕴, 加热到水沸腾立刻捞出。再次用冷水好好冲洗海蕴, 然后沥干。

7 将海蕴切成3厘米左右的长度, 放入甜味噌混合物中, 充分混合以均匀地裹上味噌。加醋调味。

8 准备上菜时, 将鰤鱼和萝卜放回炖锅内加热。以小碗盛几块鰤鱼和萝卜, 记得配点汤, 撒上细姜丝装饰。既可配饭, 也可以单独成菜, 凉菜便是海蕴。

小贴士

冬季捕捞3年以上的成年鰤鱼, 就会被称为寒ぶり (kan-buri)。这种鱼以油脂丰富、口感醇厚闻名, 冷冬时用它熬制一锅暖暖的汤, 确实能驱赶寒意。柔软味甜的年幼鰤鱼被称为はまち (hamachi), 多用于寿司。

炸猪排

とんかつ
TONKATSU

东京的小店とんき（Tonki）专精于炸猪排，吉原出日掌握着终极秘方。酥脆的外皮内，是柔软多汁到不可思议的猪肉，令人垂涎。即便如此，他的父亲和叔父们依然不时监督他的技术，以确保万无一失。

炸猪排是属于大城市的料理，令人心满意足的饕餮之感充满堕落的诱惑。精疲力竭的上班族在结束了长长的一天之后，就着一杯冰镇麒麟啤酒或清酒来上一块炸猪排，胆固醇指数早就抛到九霄云外。

吉原出日的祖父吉原功（Yoshihara Isao）于1939年创立了とんき（Tonki），一尘不染的开放式厨房朴素地位居中央，三面环绕着长长的吧台，他们专精一件事：将裹好面包糠的猪排放入油锅，以满足东京的芸芸大众。

这么多年以来，这里无论是空间布置还是炸猪排的配方都没怎么改变。吉原出日只用一根细细的铁钎就能上演一场"优雅的舞蹈"：将猪排在混合了面粉和蛋液的碗中移动，来回裹三次，然后再将一层面包糠轻拍到猪排上，令其均匀分布。"重复裹面粉和蛋液的步骤，可以确保炸出来的猪排有一层厚而香脆的外衣，这也正是とんき炸猪排的首要秘诀。"吉原出日如是说。

第二个秘诀就在意料之中了，那就是猪油。在裹好粉之后，把每块猪排慢慢滑入一锅沸腾冒泡的猪油中，这锅油饱含之前曾经炸过的猪排的精华。"每放入一块猪排，都会有新的猪油掺入老油之中。"出日说道："油越老，炸出来的猪排就会越多汁、越金黄。"

当一块猪排在油炸中吸取了"前辈们"的丰厚味道之后，就会变身为外皮焦脆、肉质厚实多汁的炸猪排，这便是你想象中那块最有肉味的猪肉。とんき供应两种部位的猪排——腰内（ロース，rosu，偏肥）和里脊（ヒレ，hire，偏瘦）。两种口味都很棒，但大多数人都从腰内肉排中，重新找到了肉味的定义。

为了平衡口感，炸猪排会搭配新鲜蔬菜上桌：切碎的卷心菜、一片西红柿以及一两朵欧芹。とんき同时也提供他们的秘方——味道强烈的佐猪排蘸料，另外还有少量辣芥末。

"我们的烹饪方式令炸猪排的油腻感降到最低。"吉原出日说道："我认为这就是为什么老年人、女人和孩子们全都跟上班族一样喜爱这道料理的原因。"

料理人 //
吉原出日
Yoshihara Izuhi
地点 //
とんき，东京
Tonki, Tokyo

炸猪排

とんかつ
TONKATSU

供4人食用

准备时间：10分钟
烹饪时间：20分钟

300克高筋面粉

300克低筋面粉

1个鸡蛋

4块猪大排，厚约2厘米，重量为160～170克

150克白面包糠或日式面包糠

1.35公斤猪油或1升蔬菜油，用于炸猪排

盐和胡椒

准备上菜

¼个小卷心菜切丝，去除过硬的茎干和菜芯

半个西红柿切片

欧芹

煮好的米饭

炸猪排酱（とんかつソース，tonkatsu sosu）或猪排酱（中濃ソース，chuno sosu，两者均在日本商品超市内有售）

辣味芥末，如日本黄芥末（からし，karashi）

酱油

蛋黄酱

1　将两种面粉一起充分搅拌后倒入一个浅口碗内。把鸡蛋打入另一个浅口碗，加入与鸡蛋同样分量的水。

2　用大量盐和胡椒腌制猪肉。撒上面粉，抖落多余的散粉，然后浸入打好的蛋液内，把多余的蛋液滴干。如此重复以上步骤两次，注意最后一步是蘸蛋液而非面粉。然后用铲子或大勺将面包糠均匀地裹在猪排外，既不要留下空隙也不要让面包糠在猪排上挤成一团。

3　在一口大锅内倒入足量的猪油或蔬菜油，约3厘米深。用中火将油加热到160℃（用温度计测量；如果没有温度计的话，扔一点面糊进热油内，如果它能持续30秒发出滋滋声，就说明油温够了）。

4　慢慢地将猪排滑入油中，尽量让油锅表面保持平静。猪排会沉入锅底并很快释放出一连串泡泡（若泡泡较大，就把火稍微调小一些）。当猪排浮至油锅表面时，轻轻翻动，炸另一面，总时长为18～20分钟。把猪排捞出后用厨房纸稍微吸去油。

5　趁猪排正热，把它切成条状，放在碎卷心菜上就可以上桌了。再配上装饰有一两片西红柿和欧芹的米饭，猪排配蘸料食用。

小贴士

とんき的料理人每次都小心翼翼，让猪排上包裹的面包糠不掉下来一丁点儿，他们的办法是用一根自行车辐条将猪排挑到蛋液中浸润，再放到面包粉中包裹，最后进锅油炸。"再粗一点都会破坏猪排包裹好的外皮。"吉原出日说道。不过他也承认，对于初学者来说，用勺子和手指可能更合适。

日式茶碗蒸

茶碗蒸し

CHAWANMUSHI

东京的主厨生江史伸把这种如丝般顺滑的日式蒸蛋称作最极致的"暖心菜肴"。这种日式基础料理和法式野鸡蛤蜊汤搭配在一起后，菜系的碰撞创造出了不可思议的口感。

料理人 //
生江史伸
Namae Shinobu
地点 //
L' Effervescence,
东京 (Tokyo)
http://www.
leffervescence.jp

在日本全境的烹饪学校里，最受欢迎的学习课程一直以来都是法国菜、意大利菜和中国菜。这些经典的菜系与日本料理（和食，washoku）称得上泾渭分明。但在 L' Effervescence 格外精致的后厨内，主厨生江史伸是日本"新浪潮派"厨师的代表人物之一，他们摒弃了传统料理的约束限制，转而追求美味的极致。

生江在一家意大利面店开始了他的职业厨师生涯。某天，他读到法国现代烹饪大师米歇尔·布拉斯（Michel Bras）的烹饪书，他说，这本书改变了他的生活。最终，他得以在布拉斯本人的指导下于日本和法国研习厨艺，掌握了法式糕点的特别技艺，但他永远无法忘记自己厨艺上的"母语"——伴随他长大的日本料理。

"我的烹饪讲究的是法式（西方）和日式（东方）料理之间的融会贯通。"他说道，"我想要创造每个人都能理解和享受的味道，无论食客来自何方，他们都会认为那是一种寰宇一家的美味。"随着季节变换，不同风味的组合优雅且令人惊艳。

这道日式茶碗蒸最初是他从母亲和祖母那里学会的。在本州（Honshu）中部，暖暖的蛋羹可能会加入烤过的白果仁，而北海道则会使用板栗。在自己的餐厅里，史伸用一碗口感浓郁的肉汤令这道简单的配菜提升了一个档次。

理想的日式蒸蛋是一块如丝般顺滑的蛋奶冻，入口即化，味道极鲜。想要达到这个水平，其中关键的一点是将烹饪的温度保持在稳定的85℃。总而言之，无论在世界何处，美食最关键的配方都取决于细致与爱心。

日式茶碗蒸
茶碗蒸し
CHAWANMUSHI

供10人食用

准备时间：6小时
烹饪时间：2.5小时

准备香菇高汤

80克干香菇

1升冷水

准备鲣鱼高汤

1升水

20克昆布[最好是品质上乘的，如产自利尻（Rishiri）的昆布]，用湿茶巾擦干净

20克木鱼花

准备野鸡汤

1汤匙蔬菜油

300克野鸡，带骨带皮

500毫升水

准备蛤蜊汤

300克蛤蜊，擦洗干净

500毫升水

2 大勺葛根粉（くず，kuzu），用1大勺冷水溶解

准备蒸蛋

4个鸡蛋

780~800毫升鲣鱼高汤和香菇高汤的混合物（见上方）

1~2小勺酱油

40毫升味醂

10克盐

1 制作香菇高汤。将干香菇在一大碗冷水中浸泡5小时。捞出香菇，挤干每一滴水。留下高汤。

2 制作鲣鱼高汤。大炖锅加水，开中火煮，水温达到65℃时加入昆布，保持该温度煮1小时。将昆布捞出。把水烧开，放入木鱼花，立刻把锅从灶台上端开。让木鱼花浸泡1~2分钟，然后用铺有薄棉纱的筛网过滤掉汤中食材，留下高汤。

3 接下来，将1升鲣鱼高汤与200毫升香菇高汤混合于另外的容器内。放在一旁。

4 在深口锅中加油，以中火加热。放入野鸡块，直到鸡块全部均匀地变为褐色。加水，确保水足够没过鸡肉。以低火煨2小时。然后用铺有薄棉纱的筛网过滤掉汤中食材，保留高汤。

5 将蛤蜊和水一起放在小炖锅内，加热到水开，煮至所有的壳都张开。用铺薄棉纱的筛网过滤掉汤中食材，保留高汤（过滤下来的野鸡块和蛤蜊可以配米饭吃，再加上一碗没用完的鸡汤，当作隔日的午餐。将鲣鱼高汤放在密封容器中冷冻，可保存一两个月时间）。

6 将400毫升野鸡高汤和100毫升蛤蜊汤混合于洗净的大炖锅内。慢慢加热至沸腾，调味，然后加入葛根淀粉与水的混合物。在汤汁变得浓稠时不断搅拌，然后从火上端离，放在一旁。

7 另起一个大炖锅，加入约2厘米深的水。放在高火上，把水温加热到85~92℃。

8 在碗里轻轻打蛋约10秒。加入鲣鱼高汤和香菇高汤的混合汤汁，慢慢地搅拌。以盐、酱油和味醂调味。

9 把蛋液混合物分别倒入10个小模具或日式茶碗（chawan）中，上面敷上保鲜膜。小心地放入装有水的大炖锅内，盖上锅盖蒸10~15分钟，做好的茶碗蒸应呈奶冻状，中央部分可以轻微地晃动。从锅里端出（小心烫），揭开保鲜膜。上菜前，在蛋羹上倒入少量热的野鸡蛤蜊汤。

植物森林（鸡尾酒）

ボタニカルインザフォレスト

BOTANIKARU IN ZA FORESUTO

和 风

ジャポニズム

JAPONIZUMU

这些令人心旷神怡的鸡尾酒将调酒大师鹿山博康花园里的精华都浓缩在了酒杯里。鹿山会将那些以生命力打动他的植物运用到调制的饮品中，而他的创造也是东京复杂的鸡尾酒文化的缩影。

除 了茶与清酒以外，鸡尾酒也是东京美食体验必不可少的部分。这种饮酒文化于19世纪传入日本，当时海军准将马休·佩里（Matthew Perry，日本近代"黑船事件"的主角）向明治天皇及朝臣献上了几桶美国威士忌。从那时起，清酒和烧酒的垄断地位不再，潘趣酒（punch）和香甜酒（cordial，利口酒的一种）谋得了一席之地，日式酒吧就此诞生。

当禁酒令在大洋彼岸雷厉风行之时，东京银座地区的调酒师发展出了新奇的浸渍法、手凿冰块，以及"硬摇荡"（hard shake）——今天全球各地的高端酒吧都在使用这种方法调酒。在日本，调酒师的工作成了一门颇为讲究的手艺。调配方法一丝不苟，甚至连调制"曼哈顿"鸡尾酒需要搅拌多少次（精确地说，82次）都有规定。

鹿山博康的鸡尾酒在细节严谨度上保留了传统做法，但与同辈人不同的是，他所调的鸡尾酒也具有创新性。"相比日本年其他调酒师来说，我更年轻，"他说道，"所以我会积极进行更为大胆的实验。"

站在吧台后面的鹿山，看起来与其说是调酒师，不如说是科研人员。他的苦艾酒采用自家种的苦艾萃取，就连那精巧的萃取装置也是鹿山本人设计的，使用的萃取技术则来自古老的法国典籍。最终得到的深绿色液体，喝下去就仿似跌入轻柔、甜美且温暖的怀抱中。

鹿山的灵感并非源自鸡尾酒常规手法或配方，而是来源于他家那片位于东京北部的农场。在鹿山吧台后面的书架上，摆放着他收获的"聚宝盆"：大茴香、小茴香以及一些"别人眼中的杂草"。秋天，他可能会在伏特加中浸泡几根芬芳鲜嫩的树枝，取自常见的山林灌木红叶石楠（紅カナメ，benikaname），尝起来像是香草与肉桂的混合风味，秋天以外的季节，他可能会用树皮代替树枝。

调制的这种鸡尾酒，关键在于你居住的地方可以找到何种新鲜植物，鹿山会建议加入如柑橘马鞭草（citrusy verbena）或甜牛膝草（sweet hyssop）这样的草药。如果你找不到酸橘（すだち，sudachi），也可以用味道浓郁的其他柑橘类水果，比如青柠之类的作为替代品。鹿山博康说，这些天马行空的鸡尾酒都源自于个人生活。所以，鸡尾酒会折射出调制者的个性。

店主/酒吧主//

鹿山博康

Kayama Hiroyasu

地点//

バーベンフィディック，东京

Bar Ben Fiddich, Tokyo

http://www.facebook.
com/BarBenfiddich

植物森林（鸡尾酒）

ボタニカルインザフォレスト
BOTANIKARU IN ZA FORESUTO

供1人饮用

准备时间：5分钟

1大块冰块

50毫升植物学家艾拉岛干金酒（The Botanist Islay Dry Gin），或类似的泡有植物的金酒

1小勺干苦艾酒（Sacred Extra Dry Vermouth），或类似的高度数干苦艾酒

40毫升瓶装矿泉水

一小撮混合香料以及可食用的花（比如软嫩的迷迭香芽和花朵）、茴香叶以及小薄荷叶

1 将大块冰块放在葡萄酒杯中。

2 倒入金酒、苦艾酒和水，用力摇晃30次，让酒水混合并释放出金酒的芬芳。

3 添加香料枝，立刻上桌以供饮用。

和风

ジャポニズム
JAPONIZUMU

供1人饮用

准备时间：10分钟

姜，供打汁

45毫升冷藏植物学家艾拉岛干金酒（The Botanist Islay Dry Gin），或类似的配方中包含植物的金酒

20毫升冷藏清酒，最好是爽口的大吟酿（daiginjo）

2小勺新鲜酸橘榨汁或青柠汁，需冷藏

2小勺金合欢花蜜，或类似的淡味蜜，溶解在10毫升的开水中

一些冰块

1 制作姜汁时尽量选较老的姜，因为调制这道酒姜越辣越好。用果汁机搅拌，或用细棉布手工研磨并挤压出姜汁，制成1小勺姜汁即可。制成后姜汁放入冰箱冷藏。

2 将金酒、清酒、橘汁和姜汁混合，与蜜糖水一起倒入鸡尾酒调酒器中。

3 在调酒器中加入大量冰块，直到液体到达约三分之二满。激烈摇晃30次。鹿山博康说："调酒时要代入感情。享受过程。"

4 用滤网过滤酒水，倒入玻璃杯内，立刻上桌以供饮用。

小贴士

在东京的酒吧里，英文酒单很少见。鹿山博康说："你要告诉我们，你喜欢威士忌、金酒、烧酒还是清酒。或者你干脆点我们的'调酒师之选'。我们希望能带给你惊喜。"

日本甘酒

甘酒

AMAZAKE

身为发酵世家的第十代
传人，河崎紘一郎制作
味噌和甘酒时都会使
用雪松木制成的百年老
桶。没有百年经验和木
桶也无所谓，他告诉了
我们如何制作他的甘
酒。没错，你在家也可
以做出这种甘甜而富有
营养的饮品。

业者//
河崎紘一郎
Kawasaki Kouichiro
地点//
マルカワ味噌，福井
Marukawa Miso, Fukui
http://marukawamiso.
com/

日本甘酒是由甜糯的大米酿制而成的古法饮品，在日本人专注健康的当下，重新受到了关注。

在江户时代，炎热的仲夏夜里常常能遇到游走于街头的小贩（フリー売り，furi-uri）在售卖甘酒，他们挑着竹担，甘酒就盛在两端的桶中。如今，日本人依然会在家里制作甘酒这种女儿节（春季）时的传统饮品。渐渐地，甘酒出现在越来越多的地方，甚至还展现出不同寻常的用途，比如加酸奶，或者用来打奶昔。河崎紘一郎说，甚至在烤饼干的时候，甘酒都可以作为甜味剂使用。

河崎家的家族老店マルカワ（Marukawa）始于1774年，最初是福井县一处丰饶之地的小型稻米农场。今天，マルカワ是一间制作味噌的工厂，特色是精制有机味噌，由河崎紘一郎与他的妹妹紘子（Hiroko）和弟弟紘德（Hironori）共同经营。

制作味噌时，首先要将多种粮食（如大豆、大麦和大米）混合，再加入放有发酵酒曲（麹，koji）的大米。酒曲会神奇地分解粮食中的淀粉，转化成糖分。酒曲发酵的过程会持续几周甚至几个月，桶内含有的其他酵母菌和细菌都会加入这场酿造盛事。根据粮食品种、天气和酿造时间不同，最终呈现出来的味噌或浓郁醇厚，或圆润柔和。甘酒的制作方法几乎和前者一样，同样用到酒曲和大米，但只需要发酵一两天。

河崎家制作味噌和甘酒的秘法代代相传，既费时费力又要求严苛。河崎紘一郎的第一项发酵任务是在他7岁时接到的，祖父要求他将堆积如山的大米分成一公斤的小堆。

"在89岁高龄时，我们的祖父仍然看管整个业务。对于发酵酿造的工作，他每天都要过问，并且查看整个运作过程。"河崎紘一郎说道。事实上，正是因为他的祖父，マルカワオ开始制作甘酒。"因为他太爱甜食了，所以一直都希望做些带甜味的东西。"

日本甘酒
甘酒
AMAZAKE

供2~3人饮用（制作约375毫升）

准备时间：5分钟，发酵时间需要8-12小时，另加2~3天静置时间

150毫升水

150克活性酒曲（白米或糙米）

你还需要：1升容量的容器，可以是保温杯、酸奶机、电饭煲，或者是带浸入式循环（低温慢煮）的锅

1 用大炖锅烧水，加热到60℃（用温度计测量）。活性酒曲对热度极其敏感，更为简单的方式是先把水烧热，再放置到合适的温度。如果容器保温性不好，可以使用更热一点的水，但不要高于70℃。温度越高，甘酒越酸且越稀，而更低的温度则会令其更甜、更浓。

2 将酒曲搅拌进水中，再将混合物倒入容器中。在室温条件下让其发酵至少8小时，冬季最长12小时，每一两个小时搅拌一次。约6小时后，用一把干净的勺尝一下混合物，确保味道不至于过酸。

3 继续把甘酒在室温条件下放置2~3天，或是在冰箱里放置1周。如果你将酿造好的甘酒加热至接近沸腾的温度，就可以冷藏保存1个月。在室温内放置好的甘酒可以稍稍加热后饮用，或者制作甘酒冰（见下文）。

日本甘酒冰
AMAZAKE ICE

供4人饮用

准备时间：5分钟加上冷冻时间

300克日本甘酒（见上文）

300毫升豆奶

2大勺原味酸豆奶（可选）

1大勺烤黄豆粉（きな粉，kinako）

1根香蕉或其他水果，作为配料

1 将所有食材在搅拌机中混合，搅拌至均匀、顺滑的状态。

2 倒入一个可以用于冷冻的容器中，盖上盖子，然后冷冻3~4小时。每45分钟左右就用叉子将即将冻结的甘酒混合物搅拌开，如果喜欢更紧实一些的口感，甘酒冻住之后再拆成冰块也可。

3 将冻好的甘酒装入小碗，把切好的新鲜香蕉或其他自选水果放在上面，即可享用。

小贴士

マルカワ在官方网站（日文）上销售酒曲、甘酒和味噌，也可以寄往国外。你还可以在自家附近的市场买到酒曲，多为干酒曲。想要令其恢复活性，可以将酒曲泡在自身分量20%的水中，放置在38℃的温度下几个小时，在使用前沥干多余的水分即可。

若狭湾

舞鶴

美山町 ● ●北桑田

琵琶湖

④ ⑦ ⑪
京都 ●
⑬
⑭ ●大津

伊勢湾

⑫

⑥ ⑩
神戸 ①
⑧ ②
大阪 ●
⑤ ③

●奈良

●津

大阪湾

⑨

●伊勢

●和歌山

●新宮

关西地区

这一地区既拥有日本最为精致高雅的菜系——以皇家风味为主导的京都菜，
又有在商人阶层兴起的丰盛、朴实的大阪菜。

章鱼烧
たこ焼き
TAKOYAKI

在大阪，你一定会和章鱼烧不期而遇——每个人都拿着竹签，吃着这种炸面糊球模样的街头小吃。章鱼烧店铺的始祖就是会津屋，这里一天可以卖出上千份。

作为大阪传奇的章鱼烧店铺，会津屋已经传到了第三代。现任店主遠藤勝说："我祖父在日本经济萧条时发明了这种料理，当时人们没有足够的食物可吃，于是，他创造了这种便宜、快速而且美味的食谱，不需要依赖什么特别的食材。正因如此，祖父每天都要研究和学习如何让看上去毫不出彩的食材尽可能品尝起来很美味。"

一般来说，章鱼烧都会搭配厚厚的酱汁和蛋黄酱，但会津屋则另辟蹊径——给面糊本身调味，无须添加任何酱汁和点缀材料，就能口齿留香。达成如此美味，关键在于将面糊与浓高汤混合在一起。丸子外部酥脆而内里松软，是厨师手艺的明证。

当特别设计的铸铁章鱼烧锅（铁板上有许多凹下去的球形槽）进入市场后，章鱼烧开始风靡日本全国。据说，大阪每户人家都拥有一个章鱼烧锅，就像西班牙每户人家都有一个做海鲜饭的平底锅。

在会津屋观看他们准备制作章鱼烧是一种享受。加热的锅内热油飞溅，薄薄的面糊被倒入，紧随其后的是大块的章鱼。这时，厨师会拿出一把形如冰锥的铁签，一个接一个极其灵巧地翻转每一团面糊，让它们都形成完美的球形。火候是关键，遠藤说道："让那些丸子在锅里转动，当它们呈现均匀的金色时，就好了。要是烧过头了，里面的面糊就变得太硬，你就别想再卖出去了……"

把一个刚刚做好的章鱼烧放入口中（小心烫！），享受嘎吱嘎吱的酥脆外皮以及之后顺滑如奶油的面糊。你当然可以打包带走，但何不就着一杯冰啤酒当场享用呢？先不要蘸酱，试试味道如何，之后可以搭配一点酱料食用。毫无疑问，你会秒懂为何章鱼烧称得上大阪排名第一的街头小吃。

料理人//

遠藤勝
Endo Masaru

地点//

会津屋，大阪
Aidu-ya, Osaka
http://www.aiduya.com

制作24个章鱼烧

准备时间: 10分钟
烹饪时间: 15分钟

1条章鱼, 煮熟或新鲜的都可

200克粗盐(如果使用新鲜的章鱼)

食用油, 刷上避免粘锅

1~2根青葱, 切末

50克腌过的姜(红姜)切末

章鱼烧酱(たこ焼きソース, takoyaki sosu), 作为蘸料(可选, 推荐オタフク, otafuku牌, 可在日本商品超市购买)

准备面糊

200克低筋面粉

3个鸡蛋

900毫升鲣鱼高汤(见257页)

1大勺淡口酱油

1 用冷水冲洗章鱼, 然后把它切成大块。一锅水烧开, 放入章鱼块。煮约7分钟, 捞出沥干后放凉, 切成小块。

2 把面粉放在一个大碗中, 之后放入鸡蛋、高汤和酱油, 均匀搅拌成软滑的面糊。

3 在章鱼烧锅的圆形模具中轻刷一层油, 放在大火上加热, 直到开始冒烟。

4 将面糊舀进每个凹陷的模具里, 然后加入章鱼、青葱和腌好的红姜末。在中高火上烤约3分钟, 然后用一根铁签或竹签转动每个章鱼烧, 直到通体变成褐色, 最后变成金色。直接上桌, 也可以搭配章鱼烧酱一起吃。

时令高汤煮物

煮物椀
NIMONOWAN

日本传统料理的至高级
别就是"割烹"——顾
客坐在柜台前，和餐厅
的主人或主厨面对面，
见证一道道珍馐美味
的诞生。

料 理台后方的主厨（板前，itamae）"挥舞"着他们利剑一般的厨刀，做出一盘盘如同艺术品般的佳肴，令人大开眼界。"割烹"（kappo）意味着他们必须当面接受客人的检阅，包括从准备工作——比如取出鱼的内脏——一直到所有的烹饪过程和摆盘。毋庸置疑，大厨不能犯任何错误，整个料理台时刻都被专注的气氛包围。

在大阪的船场（Funaba）地区，このは的割烹料理备受推崇，店主田中勝美是此中高手。割烹料理采取多道菜的形式，生鱼片、天妇罗和其他美味一个接一个上桌。然而，主菜却是一碗"汤"。别小看它，在狭义的日本料理里，"煮物椀"（也称御椀，gowan，字面意思就是汤碗）这碗汤可算是主角，而且相当考验厨艺。

这碗时令高汤煮物的制作当然得从高汤开始，通常由木鱼花和昆布熬制而成（估计你从本书之前的菜谱中早就有所领悟），汤中再加上当季食材——被称为"椀種"（wantane），通常以鱼类、豆腐、蔬菜为主。看上去如此简单，仿佛完全不需要厨师有任何操作技巧和专业度。

喝汤时，先掀开盖子，好好欣赏摆盘的复杂和精美，接着将碗端起来，轻啜一小口。高汤被认为是"日本料理之魂"，它的品质绝对折射出主厨的技艺和餐厅的水准。

勝美每天都在市场上寻找食材，他对季节性的微妙变化十分敏感，并将这些变化及时融入菜单和餐厅氛围之中。

"日本料理的根基是'做减法'。它讲究的是尽可能少地干预食材，调味品也越少越好。同时，又需要在口味搭配上有创新，这样才不至于千篇一律。"

当你喝完这碗高汤时，会从胃里升起一种幸福之感，这无疑是日本料理所能到达的最佳高度之一。

料理人//
田中勝美
Tanaka Katsumi
地点//
このは，大阪
Konoha, Osaka

时令高汤煮物

煮物椀

NIMONOWAN

供4人食用

准备时间: 1小时
烹饪时间: 15分钟

1条15厘米长的干昆布

20克木鱼花

50克白萝卜,切丁

2小勺淡口酱油

1大勺味醂

20克芥菜叶

1大勺白味噌

1小勺料理酒

一撮盐

1 取一块约15厘米长的昆布,和500毫升冷水一起放在锅中。让昆布在水中浸泡1小时。

2 将锅置于高火上,加热到水开。取出昆布,加入木鱼花。等到水再次沸腾,过滤之后,保留高汤,丢掉木鱼花。

3 用300毫升这种鲣鱼高汤煮萝卜,加入一小勺淡口酱油和味醂调味,煮到萝卜变软。再将芥菜煮熟,马上浸入冰水中——这样可以尽量保留芥菜鲜嫩的绿色。

4 把白味噌、料理酒、盐和剩余的酱油放入剩下的200毫升高汤中,加热,但不要把它煮开。把萝卜先放入一个小碗内,倒入高汤。最后,用芥菜做点缀,即可上菜。

"这碗时令高汤煮物总是结合了多种季节性的食材。
比如,春天会有竹笋和红鲷鱼。
它试图向人们传递一个季节的精髓,
当下的山珍海味都融入了这一碗汤。"

油炸串烧

串揚げ
KUSHIAGE

在大阪，油炸串烧就像
一种艺术表现形式。在
Wasabi，当主厨今木
贵子的美味创造被放
在柜台上时，谁会忍心
去吃这样精致的"艺
术品"？

料理人//
今木貴子
Imaki Takako
地点//
Wasabi，大阪（Osaka）
http://www.hozenji-
wasabi.jp

据 说，这些受欢迎的串烧最初诞生于昭和时代早期（20世纪20年代至30年代），当时牛肉非常稀缺。人们就把从横膈膜边缘切下的牛肉（一般都会被丢弃）细细切好，串成一串，然后蘸上面包糠放入猪油里炸。Wasabi的店主兼主厨今木貴子采用了这种大阪传统的炸串形式，并由此进一步创造出更为高级的串烧。

今木说："我想尽可能多地使用季节性食材，令食物在外观和口味上都富有吸引力。我通常使用植物油，并且更喜欢用蔬菜而不是肉类作为烹饪食材，因为大多数蔬菜都很能体现当季风味。"

这家餐厅在18:00开始营业。柜台前最多能坐10个人，常常可以看见年轻的夫妇或只身前来的食客。晚餐通常包括20种不同的油炸串烧。搭配串烧的酱料，灵感来自于多种不同菜系中的酱汁和调料，包括西餐和中国菜。

Wasabi的油炸串烧面糊酥脆可口，不会使胃负担过重，让你可以尽情享用。"为了让口味更清淡一些，我们在面糊里不但使用了面粉，还有蛋白、蛋黄、啤酒、矿泉水等，面包糠的品质也很不错。而且，在煎炸时，我们也尽量少用油。"

今木想要将油炸串烧做成日本的热门小吃，就像巴斯克串串（pinchos，外观跟西班牙小吃tapas接近，但都用牙签把食材串起来）在西班牙北部那样受到推崇。她经常会去欧洲旅行，在欧洲学习葡萄酒知识时，她有了突破性的发现：将滚烫的油炸串烧和冰镇香槟搭配在一起，值得细细品味。

今木的用心努力令这家餐厅很受欢迎，甚至获得了久负盛名的米其林星级评定。现在，Wasabi吸引着来自全球各地的食客。

油炸串烧

串揚げ

KUSHIAGE

制作20串

准备时间: 15分钟
烹饪时间: 10分钟

10~15个生虾

10根芦笋, 切成一口一块的大小

2个小茄子, 切成一口一块的大小

植物油, 用于油炸

盐

柠檬丁, 供上菜

准备面糊

100克低筋面粉

2个鸡蛋, 将蛋清和蛋黄分离

20毫升啤酒

200克上好的面包糠

你还需要:

20支15厘米长的竹签

1 将虾、芦笋和茄子串在竹签上。

2 在大锅内倒入足够多的植物油, 约3厘米深。以中火将油加热至160℃ (用温度计测量, 或者扔一点面糊进热油内, 如果它能持续30秒发出滋滋声, 就说明油温够了)。

3 蛋白打到中性发泡。

4 准备做面糊, 将面粉放入一个浅口碗中, 加入80毫升水和啤酒。加入蛋黄, 搅拌混合均匀, 然后将打好的蛋白轻轻倒入。如果看上去太稀, 可以多加一点面粉让它变稠, 稠度应该达到恰好可以挂住食材不滴落。

5 将串好的竹签浸入面糊中挂糊, 然后再裹上面包糠。小心地将竹签串滑入热油中, 炸至香脆 (虾和芦笋只需2分钟)。用钳子把竹签串夹出, 放在厨房用纸上吸油。趁热用盐调味, 配上四分之一个柠檬上桌。

腌萝卜配柚子

柚子こぼし
YUZUKOBOSHI

腌菜是日本餐桌文化不可或缺的一部分，米饭、酒甚至是茶都能与之完美相配。古老的腌制方法为许多蔬菜带来了更为丰富的口味。

日本列岛由北向南跨越了一系列气候带，同时，四季分明意味着整个国家在全年都能出产丰富的蔬菜。据说，日本各地的腌菜（渍物，tsukemono）食谱和蔬菜的种类一样多。

京都也是日本主要的腌菜产地之一。附近大小河流汇集的大量水分灌溉着富饶的土壤，滋养了当地新鲜的京都蔬菜（京野菜，kyo-yasai，本地出产，因曾是供应皇家和贵族的高品质蔬菜而成名），它们最终都会被制成美味的腌菜。

在众多出售特色腌菜的店铺中，近为从1887年建成至今保留着制作传统腌菜的技艺，充满历史底蕴。店里的架子上展示着约50种不同的腌菜，根据季节不同有所变化。腌菜根据腌制长度的不同被分为两类：浅腌（浅渍け，asazuke）、深腌（深渍け，fukazuke）。浅腌的蔬菜入口爽脆，颜色鲜明。腌制时间更长的蔬菜会失去它们原有的形态，但口味也会在腌制的过程中变得更为丰富。珍味（chinmi）则是混合了海鲜的一类高档腌菜。

近为的料理人增山雅人说："我们就像养育孩子一样制作腌菜——很辛苦，还需要付出极多的关爱。在近为，我们还在使用木桶和古老的重石手法（将大块石头压在腌菜之上）。然而，机械化设备如今已经开始威胁到这些历时久远的传统方式。"

近为的销售头牌是腌萝卜配柚子（柚子こぼし，yuzukoboshi，由第四代店主发明）——用昆布和盐腌制的白萝卜或大头菜（芜菁），再添上柚子的酸味。京都地区的大头菜和柚子都在冬天生长。清淡、爽脆的质感以及令人上瘾的新鲜柚子味会让你胃口大开。

大约20年前，店里的一个角落被改装成一处很有京都风味的用餐区"お茶渍け席"（ochazukeseki，意为茶泡饭专座），为客人提供腌菜套餐。套餐以浅腌菜开始，味道类似欧式腌菜，接下来是腌菜寿司以及一碗白味噌。最后上的是主角茶泡饭（お茶渍け，ochazuke），同时会配上更多腌菜。

料理人 //
增山雅人
Masato Masuyama
地点 //
近為，京都
Kintame，Kyoto
http://www.kintame.co.jp

腌萝卜配柚子

柚子こぼし
YUZUKOBOSHI

制作500克

准备时间：5分钟，加上至少24小时的腌制时间

700克白萝卜或大头菜，削皮并切成5厘米左右长的片状

1条15厘米长的昆布

准备腌渍汁

1升水

20克盐

50克糖

1个柚子的皮和果汁，柚子皮均匀切成火柴粗细

30克料理酒

1 将制作腌渍汁的材料倒在碗中混合，搅拌使盐和糖溶解。

2 把萝卜片和昆布放入密闭的容器中，倒入腌制汁。在上面放置一个相当于萝卜2倍重量的重物，密封严实，放入冰箱中腌制24小时到3天时间（1天之后就可以食用了，但要到第3天时味道才最佳）。然后在1周内吃完。

火锅乌冬面

うどんすき

UDONSUKI

随着大阪的严冬到来，每个人都知道美々卯开始售卖火锅乌冬面了。在寒冷的冬天，一家人会围坐在一起，共同享用这种暖心暖口的面条火锅。

料理人//
薩摩卯一
Neya Suichi
地点//
美々卯，大阪
Mimiu, Osaka
http://www.mimiu.co.jp

火锅乌冬面是美々卯（Mimiu）餐厅80多年前自创的一道菜。这里的火锅（鍋，nabe）是指以最上乘的鲣鱼高汤为底，添加食材后暖暖享用的吃法。鸡肉、对虾、蛤蜊、烤海鳗和时令蔬菜都放进汤里细细慢炖，最后再放进乌冬面。

这道菜最重要的元素就是鲣鱼高汤——日本料理最根本、最核心的食材。对任何优秀的日本料理厨师来说，制作上好的鲣鱼高汤属于必备技能，因为正是高汤的味道才将各个餐厅区分开来。美々卯旗舰店的厨师长薩摩卯一解释道："我们早上6点就开始做鲣鱼高汤了。首先，我们将木鱼花放入开水中，完全提炼它的鲜味。此外，我们也会使用产自几个不同地区的其他食材。然后就是用盐、酱油和一点点味酥来给汤调味。"

第一口鲣鱼高汤会给人一种非常宜人、清淡且柔和的味道。添加的蔬菜、海鲜以及其他食材则为鲣鱼高汤增加了更有层次的口感。

"客人们用桌上的锅自己享用这道菜，边煮边吃。我们会建议大家先吃汤里的菜，再喝高汤，最后再下乌冬面，让面条充分吸收所有食材的味道，吃起来更美味。火锅的味道从开始到最后一直在变化，你也应该以这种方式来享受。"

火锅乌冬面通常会在家庭或朋友聚会的场合出现。这道菜如此受欢迎，以至于美々卯推出了可供外卖的火锅乌冬面套装，里面包括这道菜所需的全部食材，可以在家慢慢吃。冬天，他们在一天内可以卖掉1000多套火锅乌冬面套装，可见大阪人民有多么热爱这道菜。

火锅乌冬面

うどんすき
UDONSUKI

供4人食用

准备时间: 20分钟
烹饪时间: 30分钟

1块鸡胸肉, 切丝

8个蛤蜊, 清洗干净

4只对虾

¼大白菜帮, 切成一口大小的块

50克胡萝卜, 切成火柴粗细的丝

100克罐头竹笋, 沥干水

一把茼蒿或者其他应季青菜

8朵香菇, 对半切开

400克乌冬面

准备鲣鱼高汤

2升水

400克木鱼花

2~3大勺酱油

1大勺味醂

1大勺盐

1 准备制作鲣鱼高汤, 在大锅内放水烧开。加入木鱼花煨煮2分钟。用细棉布将汤过滤到一个罐中。倒出1升鲣鱼高汤并加入酱油、味醂和盐。剩余的鲣鱼高汤可以在冰箱中保存至下次使用, 冷藏可保存3天, 或者冷冻保存。

2 准备好一个便携式煤气灶, 放在桌子中央, 蔬菜、鸡肉、虾和面条都装入浅盘, 放在一边 (或者你也可以在炉灶上用一个长柄炖锅来进行这一步)。将鲣鱼高汤倒入厚底炖锅或砂锅中, 放在中火上。等汤烧开, 然后每个人就可以从盘中自取鸡肉和蛤蜊, 随意煮食。汤再次烧开之后涮蔬菜。美味的秘诀就是不要涮太久。

3 等到所有蔬菜都吃完, 将面条下入汤中, 煮到还有嚼劲时从汤里捞出, 盛到碗里。趁热享用。

炖牛舌

牛タンの煮込み
GYUTAN NO NIKOMI

在神户这个港口城市，*Grill Miyako*供应"洋食"，即西式菜肴。第二代店主宫前昌尚沿用了他父亲在客船上当厨子时学到的菜谱。

洋食（Youshoku）是一种法式和其他欧式风格混合而成的食物，经过调整已经适应日本人的口味（并且用来搭配白米饭——日本人的主食）。洋食的发展已经超过200年的时间，当年日本厨师搭载船只远赴重洋，遇见了欧洲同行，并从他们那里学来了不少手艺。Grill Miyako的整面墙上都是那些乘风破浪的船只照片。

最具代表性的一道洋食，同时也是Grill Miyako的特色菜，就是炖牛舌：牛舌在浓缩酱汁（demi-glace sauce，也称法式多蜜酱汁）中慢慢煨熟，肉块柔嫩得只需要用叉子轻轻一划就会分开。丰盛的炖菜搭配米饭和土豆泥，这种组合使主厨宫前昌尚感到愉悦："把酱汁倒在土豆和米饭上，然后拌在一起吃，实在美味极了。吃相可能不太好看，但作为主厨，我非常高兴人们如此享受我们自制的酱汁。"

这种浓缩酱汁源自法式料理，是洋食餐厅里关键的基础配料。传说，当一艘船进入港口时，相邻船只上的厨子们会纷纷交换他们的浓缩酱汁菜谱。Grill Miyako制作的酱汁基于宫前昌尚的父亲结束海上生涯时所带回的原始菜谱。宫前昌尚说，这就是为什么浓缩酱汁并不是简单地被直接复制。"这道酱汁传自我的父亲，是全世界各处船上的风味混合。是继续将它传承下去还是任它遗忘于世间，都取决于我。我觉得，这项工作有着相当重的责任。"

1995年，阪神大地震撼动了神户（Kobe），这家餐厅被夷为平地。然而神奇的是，从宫前昌尚的父亲手中传下来的酱汁毫发无损，还完好地保存在罐中。只要Grill Miyako继续营业，这份饱含许多人心血的酱汁也将继续流传下去。

料理人//
宫前昌尚
Miyamae Masanao
地点//
Grill Miyako，神户（Kobe）

炖牛舌

牛タンの煮込み
GYUTAN NO NIKOMI

供4人食用

准备时间：30分钟
烹饪时间：1小时，加上最长2天卤牛肉的时间

1公斤牛尾或牛舌

30毫升白兰地

3~4个土豆

1大勺淡（单倍）奶油或浓（双倍）奶油

盐和胡椒

300克煮好的白米饭（见256页），配主菜

准备浓缩酱汁

3大勺食用油

1公斤牛筋

2个洋葱，切好

1根西芹，切好

1个胡萝卜，切好

2片月桂叶

30克黄油

40克低筋面粉

1 将一大锅水烧开，放入牛尾。再次沸腾后煮5分钟，撇净浮沫。

2 小心地把牛尾取出，沥干水，稍微放凉。在高火上加热炒锅，将牛尾抹上盐和胡椒，放入热锅中。倒入白兰地，煨煮5分钟，等牛肉变褐色，直到外皮香脆。端下锅，放在一旁。

3 准备做酱汁，先在干净的炒锅中热油。加入牛筋、洋葱、西芹、胡萝卜和月桂叶翻炒，在中火上加热10分钟，直到蔬菜开始变色变软。倒入1升水。水开后炖1小时，撇净浮沫。把高汤过滤到一个罐中。

4 在长柄炖锅中融化黄油并加入面粉。用一把木勺搅拌，直到它成为浓稠的糊状，慢慢变成淡褐色并散发出香味。一点点地往面粉混合物中倒入不超过600毫升的牛筋高汤，可以边倒边搅拌，以免结块。水开后炖5~10分钟，直到酱汁变得浓稠。

5 把牛尾放入酱汁中，慢火炖至少12小时，最多不超过2天。不时把浮沫去掉，直到牛尾变软。根据个人爱好稍稍调味。

6 烧开一锅水，放入土豆并炖到软烂。沥干水，把土豆重新放回锅中捣碎，倒入奶油并调味。

7 上菜时，把土豆泥垫在餐盘底部，将牛尾放于其上。同时上米饭。

寿喜烧

すき焼き
SUKIYAKI

日本人热爱寿喜烧，喜欢看着切成薄片的牛肉和蔬菜一起在桌上的平底锅里煨煮。在关西地区的寿喜烧中，牛肉首先会用糖和酱油煎烤一番。

三嶋亭创建于明治六年（1873年），是一家远近闻名的餐厅，也是关西地区寿喜烧文化的代名词。寿喜烧最为突出的部分是霜降牛肉（霜降り, shimo-furi, 也称雪花牛肉）——完美的肥瘦相间的西冷牛肉。

实际上，关东和关西地区对于肉的爱好不尽相同。关东的食客们更喜爱猪肉，而在关西，牛肉则占据着霸主地位。关西的奶牛都被特别尽心地繁殖和养育，这样才能让牛肉拥有上乘的大理石花纹，松阪牛（matsuzakagyu）、近江牛（omigyu）和神户牛（kobegyu）都是关西名牛。三嶋亭的店主三嶋太郎的信条就是选择不同产地的牛肉，以确保牛肉的高品质。三嶋说道："10,000头牛就有10,000种不同的味道。切割和准备牛肉的方式如何，完全取决于那天牛肉的质量。我的拿手戏就是鉴定牛肉，当然必须找出最棒的。"

端上桌的盘子里优雅地放满了牛肉，引得满桌惊叹连连。人们坐在铺着榻榻米的包间里，为大家做寿喜烧的是受过严格培训的服务员（被称为仲居, nakai），她会为大家料理好每样食材，客人们只需专注于品尝食物就好。

三嶋亭用黏土锅来制作寿喜烧，加热后夹起一块生牛脂（牛肉上的油脂）在锅里抹上一层薄薄的牛油，然后撒上糖。一旦糖开始溶解了，就将牛肉放在上面。倒入以大豆为主的酱汁（割り下, warishita）稍煮一两分钟，夹起牛肉片蘸上打散的生鸡蛋就可享用。蛋液遇上滚烫的牛肉瞬间凝结，柔润嫩滑，内层牛肉浸透了酱汁，甘鲜可口，两者相融的一刻，你口中只有华丽的满足感。顶级霜降牛肉入口即化，任何有幸品尝这种奇异的、带些甜味的牛肉料理的人，几乎都会成为回头客。

店主//
三嶋太郎
Mishima Taro
地点//
三嶋亭，京都
Mishima-Tei, Kyoto
http://www.mishima-tei.co.jp

寿喜烧

すき焼き
SUKIYAKI

供4人食用

准备时间：5分钟
烹饪时间：10分钟

20克糖

400克高品质雪花牛肉，切成极薄的薄片

生牛脂一小块

2大勺淡口酱油

1根大葱，切段

1个洋葱，切片

1块200克的油炸豆腐，切好

2个（可生吃的）鸡蛋

2大勺昆布高汤（见257页）

1 在一个厚底的大平底锅里用生牛脂轻刷一层油，放在中高火上加热。往锅里撒一些糖，继续加热直到糖开始溶解。把牛肉片平铺在锅底，较肥的一面朝下。倒入酱油，等它起泡、变褐色。

2 把鸡蛋打进碗里，当牛肉开始变褐色后用筷子夹出，将牛肉汁留在锅中。把牛肉快速蘸一下蛋液即可入口。

3 继续加热烤过牛肉的锅，加入大葱、洋葱和豆腐，让它们在加过甜甜的酱油汁内煨5~7分钟。如果锅有些偏干或者味道过浓，可以加入昆布高汤。

"真正的顶级牛肉带着香甜，而且入口即化。
既然牛肉本身如此美味，
浸泡在牛肉汁中的洋葱和豆腐自然也风味绝佳。"

章鱼饭便当

タコ飯弁当

TAKOMESHI BENTO

这些便当最初是为庆祝1995年明石海峡大桥开通而设计的，它们独特的形状和当地美味的章鱼令这份便当声名远播。

将本州（Honshu）与四国（Shikoku）两大岛相连的明石海峡大桥（Akaishi Kaikyo Obashi）是世界上最长的悬索桥，全长3900米。明石海峡（Akaishi Kaikyo）就位于大桥下方，是关西地区主要的渔场之一。

这里的章鱼被称作明石章鱼（明石タコ，Akaishi tako），品质上乘。明石章鱼饭便当（明石タコ飯弁当，Akaishi takomeshi bento）作为最美味的便当之一，在日本种类无穷无尽的便当中脱颖而出，在全日本都闻名遐迩。同时，它也是最漂亮的便当之一：用来盛放料理的便当盒独一无二，是根据名为"蛸壶"（takotsubo）的罐子的形象制作的——渔夫们就用这种蛸壶来捕捞章鱼。

在明石的淡路屋餐厅负责制作这些章鱼饭便当的柳本雄基解释道："章鱼夜间开始活跃，外出寻找虾蟹为食。吃饱之后，它们习惯潜入漆黑、狭窄的空间，比如岩石底下或是浮木的阴影之中。在明石，蛸壶被放置在洋底，章鱼爬进去之后就会被捉住。"

一掀开章鱼饭便当的盖子，你就会看见大块的红烧章鱼，还有用章鱼汁烹调的蔬菜。下面则是用章鱼昆布高汤煮的米饭。

"章鱼的味道极其鲜美。你可以先感受章鱼块的质地，然后再和米饭一起吃，米饭吸收了章鱼所有的鲜香。第一次品尝这份便当的人总是会对章鱼丰富的鲜味感到吃惊。"

淡路屋餐厅最初制作这种便当是把它作为火车餐盒来售卖，方便人们在旅行时食用。正因如此，这种便当的味道被制作者小心地揣摩过，保证不仅在它刚做好时很好吃，即使放冷之后也别有风味。在明石车站买一份章鱼饭便当上车，一边享用，一边透过车窗玻璃欣赏平静的海面，真是一种难得的体验。

料理人//
柳本雄基
Yanagimoto Yuki
地点//
淡路屋，神户
Awajiya, Kobe
http://www.awajiya.co.jp

章鱼饭便当

タコ飯弁当

TAKOMESHI BENTO

供4人食用

准备时间: 20分钟
烹饪时间: 20分钟

360克米饭

500克生章鱼

1大勺酱油

1大勺味酥

1大勺糖

40克罐头竹笋, 切成一口一块的大小

15克胡萝卜, 切成一口一块的大小

10克甜豌豆

360毫升昆布高汤 (见257页)

1 洗好米, 放在一碗水中浸泡至少30分钟。

2 烧开一锅水, 加入章鱼。焯水7~10分钟, 然后沥干, 保留一大勺煮过章鱼的汤水。

3 取一半煮好的章鱼, 粗粗地切好, 放在一旁。将剩下的章鱼切成一口一块的大小, 放进一个长柄炖锅内, 放水, 盖过章鱼就好。加入酱油、味酥和糖, 以及竹笋和胡萝卜, 小火炖10分钟, 或是到还剩约100毫升汁水时关火。

4 淘米并沥干。把之前粗切的章鱼放入食品料理机内打成细糊。把米饭和章鱼糊放进电饭煲内, 倒进鲣鱼高汤。加入一大勺之前煮过章鱼的汤水, 然后煮米饭。如果你没有电饭煲, 可以放在一个锅盖密封良好的炖锅内煮20分钟, 直到米变软。

5 滚水放盐, 将甜豌豆放入焯水2分钟。沥干水。

6 米饭煮好, 立刻盛入一个便当式的容器 (或午餐盒) 里, 在上面放上章鱼块、竹笋和胡萝卜。最后用甜豌豆装饰。

柿叶包鲭鱼寿司

柿の葉ずし

KAKINOHA ZUSHI

作为奈良县吉野村精致美味的代表作，柿叶寿司是将各种各样的寿司用柿子叶包裹起来制成的，它的起源相当有趣。

游　客们蜂拥前往紧邻京都和大阪的奈良县（Nara Prefecture），来拜访日本最古老的佛庙（如东大寺的奈良大佛）以及盛放的樱花（日本国花）。奈良的吉野（Yoshino，即吉野山）以樱花闻名，春季，这里成千上万的樱树在山坡上竞相开放，这壮观的美景是人们心中的"最日本"的景色。

位于吉野的平宗是一家历史悠久的柿叶包鲭鱼寿司（kakinoha zushi）店铺，历经了150个年头的风雨，在日本全国都负有盛名。不过，用新鲜海产制成的寿司是如何在内陆的奈良县成为美味佳肴的？平宗最初是一家传统日式旅馆（ryokan），供应以山野蔬菜和淡水鱼为主的菜肴，柿叶包鲭鱼寿司只是家里人吃吃而已。但自江户时代中期起，平宗开始在夏季节日时为客人们供应这一美味并广受好评。

平宗的老板平井宗助解释了柿叶包鲭鱼寿司的起源："鲭鱼在奈良50公里外的熊野滩（Kumanonada Sea）打捞上岸。在没有电和冰柜的时代，小贩们用盐来保存鲭鱼，这样它们才能历经长途运进山区，和当地产的米饭一起搭配来制作寿司。"对居住在吉野山区的人来说，鲭鱼成为蛋白质的重要来源，鲭鱼寿司迅速走红。但是，用鱼制作的寿司在夏天很容易腐坏，所以山民们就把目光转向了柿子叶（当地盛产柿子）。"柿子叶中所含的单宁具有防腐效果。将寿司包裹在其中，可以保鲜更久。叶子本身也让寿司带起来更容易。"所有这些，一起创造了独一无二的当地饮食文化。今天，尽管用来制作柿叶寿司的海鲜已经变得多种多样，但用柿子叶包裹寿司的传统仍然得以保留下来。

料理人 //
平井宗助
Hirai Sousuke
地点 //
平宗，奈良
Hirasou, Nara
http://www.kakinoha.
co.jp/naramise

柿叶包鲭鱼寿司

柿の葉ずし

KAKINOHA ZUSHI

供4人食用

准备时间：2小时45分钟
烹饪时间：5分钟，再加上煮米饭的时间

1条15厘米长的昆布

20~25片柿子叶

准备鱼

1条新鲜的鲭鱼（saba）鱼片

盐，用以撒上调味

110~165毫升寿司醋

准备寿司米饭

360克煮好的日本米饭（见256页）

45毫升寿司醋

40克糖

半小勺盐

1 把大量的盐撒在鱼片上，覆盖住鱼的表面，放置1小时。

2 同时，准备寿司米饭。在一个长柄小炖锅内加热寿司醋、糖和盐，搅拌一下，让糖溶解。端下锅，放在一旁放凉。

3 米饭煮好之后就立刻盛进大碗中。慢慢倒入寿司醋，用一把铲子翻动米饭，让它放凉至室温。

4 用水冲洗掉鱼身上的盐，放在碗中，倒入足够的寿司醋完全盖住鱼。放置一旁腌制15分钟。

5 现在，鱼的表面应该变成了白色；从醋里取出鱼，用一把锋利的刀把鱼皮去除。将鱼斜切成片。

6 把双手浸入一碗水中，防止米饭粘手。取一点点寿司米饭，约1大勺，放在一只手中，快速地将米饭捏成近似长方体（大约2×2×4.5立方厘米），小心不要过分挤压，但还是要有一定的力道让它保持形状。把米饭放在一片柿子叶上，把鱼片压紧在米饭上，用叶子包裹起来。一直重复这个步骤直到做完，让寿司在阴凉处放置1小时再食用。

"鱼类代表海洋之神，米饭代表大地之神，树叶则是山林之神。
在夏季节日里享用柿叶包鲭鱼寿司，我们借此向大自然表达感激和敬畏之情。
柿叶包鲭鱼寿司是日本人热爱大自然的标志，我希望可以把它传承给子孙后代。"

太卷寿司

太卷き寿し
FUTOMAKI ZUSHI

在檜垣购买的太卷寿司，通常是送给心上人的礼物。这是因为每一天，檜垣友朗都会全心全意地制作每一个寿司。

制作太卷寿司（futomaki zushi）要将寿司米饭平铺在烤过的海苔上，再放上任何自己喜欢的食材，然后用一张竹帘将它卷起来。太卷寿司在家就很容易制作，但有一家特别的餐厅必须提及——他们做的可是真正的太卷寿司。

这家餐厅就是位于港口城市神户的檜垣。忙起来的时候，他们一天可以卖掉200份太卷寿司。这些太卷寿司作为馈赠亲友的礼物很受欢迎。它们都采用传统做法，被包裹在竹帘之中卷成。竹子的功能除了吸收多余的水分之外，据说还有抗菌的作用。

店主檜垣友朗亲自制作太卷寿司，可35岁前他都只是一个"上班族"，之后他接受培训成为寿司师傅，最终设法开了自己的店。

"最初我只能看别人怎么做，自己没办法卷出完美的寿司。我能做的不过是在数量上不输于人家。直到10年之后，我才有能力卷出令自己满意的太卷寿司。"

檜垣先生做太卷寿司的时候就像一位大师。首先，他将加过寿司醋的米饭放在海苔上，接着放上自制的厚烧鸡蛋卷（厚き焼き卵，atsuyakitamago，日式煎蛋卷的升级版）、用甜酸味香菇做成的配菜（含めに，fukumeni），以及鸭儿芹（三つ葉，mitsuba，也称三叶芹）或其他装饰性绿色蔬菜。然后，一口气将它们全部卷好。完全不用测量，他就能将寿司切成8块，毫不迟疑，轻快干脆。切口表面完美平滑，每一块的厚度都一模一样。

"制作太卷寿司时，我会把那天米饭的硬度考虑进去，然后据此来微调手掌的力道。你可不能下手太重。拿在手中，看到米饭颗颗分明，但当吃到嘴里时，它们能马上散开，几乎能在口中跳舞，这样的太卷寿司才是最理想的。"

刚制好的太卷寿司很美味，稍晚些吃味道也很棒，因为那时各种食材的滋味都融入米饭之中了。

料理人//
檜垣友朗
Higaki Tomoaki

地点//
檜垣，神户
Higaki, Kobe

太卷寿司
太巻き寿し
FUTOMAKI ZUSHI

供4人食用

准备时间：1小时
烹饪时间：20分钟

4张海苔

360克日本米

1条10厘米长的昆布

一些鸭儿芹，如果没有的话可以用一把长豆角代替

准备寿司醋

80毫升寿司醋

60克糖

5克盐

准备香菇

6个干香菇

100毫升水

45克糖

45克酱油

准备日式煎蛋卷

3个鸡蛋

1大勺料理酒

30克糖（可根据个人口味增减）

5克盐

食用油，用于煎炸

1 准备做寿司米饭。把米在水中好好淘洗，放进碗中，加入大量水。浸泡30分钟，然后沥干水。

2 将米和360毫升水放进电饭煲，把昆布放在上面，然后煮饭（如果你没有电饭煲，只需简单地把米放在一个锅盖密封良好的锅内煮20分钟，直到米变软）。

3 把干香菇泡15分钟。同时，在一个长柄小炖锅内加热寿司醋、糖和盐，搅拌，使糖溶解。端下锅，放在一旁放凉。

4 米饭煮好，立刻盛进大碗中。慢慢倒入调好的寿司醋，用铲子翻动米饭，让它放凉至室温。

5 将香菇和水、糖以及酱油一起放进长柄炖锅内。放在中火上炖约10分钟，直到液体开始蒸发。小心不要让它烧煳。端下锅，放凉，然后把香菇切成细条状。

6 准备做日式煎蛋卷，把鸡蛋和料理酒、糖以及盐一起搅拌。用一个专门的长方形平底锅热油，也可以用平底不粘锅替代，开中高火。锅热后，放入一勺蛋液混合物，用量为刚好可以在锅底形成均匀的薄层。静候几秒待蛋皮煎好，然后用筷子将蛋皮卷成卷，放在锅里远离自己的一端。放一满勺蛋液混合物（如果怕煳锅可以再往锅里加一点油），将锅倾斜以摊平，并稍微抬起之前做好的蛋卷，让蛋卷下方也浸润到蛋液。静候几秒，将之前烹好的蛋卷往自己方向卷起新摊好的蛋皮，再推回至远离自己的一端。如此一层层重复此步骤，直到蛋液用完。

7 将煎蛋卷的两头修整齐，然后纵切成细长条。放在一旁备用。

8 盐水烧开，将鸭儿芹稍微焯一下，迅速捞起并沥干。

9 将一块海苔放在寿司竹帘上，把寿司米饭均匀地平铺在上方，之后放上煎蛋卷条、香菇和鸭儿芹。用寿司竹帘将其紧紧地卷起，确保蔬菜被包裹住。静置15~30分钟，这样食材的味道能相互融合在一起，然后均匀切开，即可食用。

京都风荞麦面

しっぽくそば

SHIPPOKU SOBA

在日本，据说关东人爱吃荞麦面，关西人则爱吃乌冬面。然而，京都却拥有独特的荞麦面文化。

位于京都的尾张屋建立于550年前，最初是一家贩卖尾张国（现爱知县西部）甜品的铺子。关东的荞麦面馆一直以来都是普通人的快餐，由街头摊铺发展而来，但在京都可不是这样。在禅宗寺庙内，荞麦面被叫作点心（tenshin），是饥饿时吃的小食。尾张屋和这些禅宗寺庙关系很深，专为他们提供荞麦面，后来还被封为"御用荞麦司"，专门为皇家御所提供坐禅法事用的荞麦点心。尾张屋的专务冈本万寿男说道："京都的许多美食都要归功于这里的水质，比如豆腐和豆皮（湯葉, yuba），不过与水质最为息息相关的还是鲣鱼高汤。"

鲣鱼高汤被看作是京都料理的核心，而产自北海道的利尻昆布是关键。尾张屋将这种昆布与三种不同鱼类的木鱼花混合进行调味，制成独一无二的鲣鱼高汤。冈本对熬汤的水非常讲究。

"我们不仅使用硬度很低的极软地下水来制作鲣鱼高汤，也用它来煮荞麦面。这样，面条口感顺滑而又不失嚼劲，很可口。"冈本说道。

尾张屋的菜单上有不少名菜，其中尤为美味的是京都风荞麦面。"しっぽく"（shippoku）的意思是将各种不同的食材堆放在同一个盘子里。菜如其名，这道料理的特色就是在碗中盛着鲣鱼高汤和刚刚煮好的荞麦面，配上丰富的浇头 —— 一层薄薄的蛋皮、鱼板（かまぼこ，kamaboko）、香菇和绿色蔬菜。

喝上一口面汤，昆布和木鱼花的鲜香会令你为之一振。爽滑的荞麦面就着蔬菜一起吃，很快就吃完了。

这家餐厅还有很多其他充满京都风味的料理，当然，也包括正宗的关西乌冬面。

专务/料理人//
冈本万寿男
Okamoto Masuo
地点//
尾張屋，京都
Owariya, Kyoto
http://honke-owariya.co.jp

京都风荞麦面

しっぽくそば

SHIPPOKU SOBA

供4人食用

准备时间: 8小时
烹饪时间: 15分钟

1条20厘米长的昆布

30克木鱼花

1小勺酱油

1小勺味醂

200克干荞麦面

1个鸡蛋

一撮盐

食用油, 用以煎炸

5厘米鱼板, 切成5毫米薄片

20克菠菜叶

1 将1升水倒入长柄炖锅内并加入昆布。放置8小时, 让味道浸泡出来。

2 锅内放入昆布和水, 用高火煮开。用漏勺将昆布捞出, 加入木鱼花, 焯水约1分钟, 然后用滤网将汤过滤进一个罐中。把滤好的汤倒回锅中, 加入酱油和味醂, 并以最小火炖煮, 同时准备其余步骤。

3 打散鸡蛋并加一小撮盐, 准备做煎蛋皮。在平底锅内加热一点油, 倒入鸡蛋, 把锅倾斜转动, 让蛋液形成一层平整的蛋皮。煎熟就端下锅, 把蛋皮切成细条。

4 将一锅盐水加热煮开, 将菠菜焯水1分钟。沥干并浸入一碗冰水中, 再次沥干。粗粗切好。

5 锅中加入清水, 烧开。放入荞麦面, 按照包装介绍煮熟, 或是煮2~4分钟, 直到面变软。沥干并在冷水下冲洗。

6 加热盛面的碗。将面条盛进不同的碗中, 舀入热汤。用蛋皮、鱼板和菠菜做点缀。

汁浸时令鲜蔬

お浸し

OHITASHI

汁浸时令鲜蔬只不过是将白灼蔬菜在鲣鱼高汤中浸一会儿而已。看上去做法简简单单，其实很迷惑人。想要从食材中获取最棒的部分，你必须对每个季节的美味都了如指掌。

从 京都坐一站快速火车，就能在安静的住宅区内找到京料理たか木。当你进屋时，在门帘布下弯腰，一间日式现代风格、美丽而简单的餐厅就映入眼帘，所有的内部装饰都会随季节变换。老板高木一雄在柜台正中大展厨艺，他是日本料理界年轻的旗手之一。

高木解释道："日本料理不像西方食物那样添加各种不同的味道来补充，相反，我们称它为'做减法的烹饪方法'，不会过度烹饪，只为了尽可能多地保留食材本身的天然味道。"

由高木先生制作的汁浸时令鲜蔬采用了日本料理中最古老的方法（浸し物，hitashi mono）。动词"浸"（浸す，hitasu）的意思是"浸泡"或"吸收"，这正是他们所做的，将快速烫煮的时蔬放入被称为"吸地"（suiji，意为基础打底）的鲣鱼高汤中浸泡。

"西式沙拉是用油性酱料来配生蔬菜；在日本，我们不会用那种油。取而代之，我们将烫熟的蔬菜放到鲣鱼高汤中吸收汤汁，这为蔬菜添加了鲜味，也去除了蔬菜本身的苦涩。"

任何时蔬都可以采用。春季，融雪之后生长于山林之间的山野蔬菜是当家花旦。

"多种蔬菜在同一份鲣鱼高汤中吸味，而味道却极清淡。如此一来，每种蔬菜的独特味道可以保留，你在品尝时也能清晰分辨。"

很重要的一点是，绝不能把蔬菜煮过头，那样就会破坏它们的香味和质感。所以，烫蔬菜的手法和时间也很难掌握。准备只需几步而已，但想要达到完美的境界却要求非常专业的技巧。

高木参与了全日本学校餐饮改革一事，他期望孩子们从小就能理解日本料理微妙的味道。

料理人//
高木一雄
Takagi Kazuo
地点//
京料理たか木，兵库县
Kyo-Ryori Takagi, Hyogo
http://www.kyotakagi.jp/

汁浸时令鲜蔬

お浸し
OHITASHI

供4人食用

准备时间: 5分钟
烹饪时间: 5分钟

2小勺盐

500~700克时令春季蔬菜, 如油菜、菠菜、香椿, 也可以用任何爽脆的、生时带点苦味的春季蔬菜替代, 如胡萝卜和甜豌豆等

准备鲣鱼高汤

100毫升鲣鱼高汤 (见257页)

1小勺淡口酱油

1小勺味醂

1 准备一大锅水, 加盐烧开。

2 加入春季蔬菜, 分开放入每一种蔬菜, 每种焯水20~30秒。小心不要煮过头, 否则蔬菜的质地和味道都会受影响。

3 沥干, 然后将蔬菜浸入一碗冰水中 (这有助于保持蔬菜的新鲜色泽)。再沥干, 然后放在厨房用纸上吸去多余的水分。

4 将制作鲣鱼高汤的食材混合在一起。

5 把蔬菜放入一个大碗中。倒入鲣鱼高汤, 静置5~10分钟, 然后上菜。

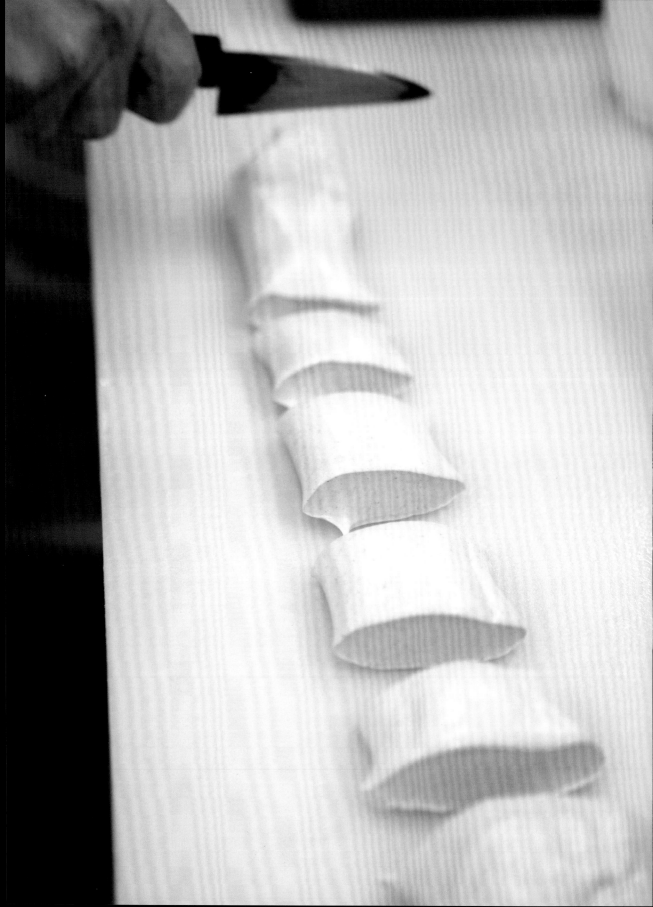

面筋馒头

麸饅頭

FU MANJU

将这种面筋馒头放入口中,品尝其丰厚的纹理、富有黏性和弹性的口感。要实现这种质地,唯有使用真正的"麸"。

传统日式精进(shojin)料理植根于佛理,首要因素是非暴力,然后是不使用动物性食材。今天,这种料理很受素食者欢迎。我们在日本商品超市见到的许多食物,如豆腐、油豆腐(油揚げ,aburaage)和豆皮,都源自精进料理。普通的素食菜谱通常缺少成长所需的蛋白质,富含蛋白质的大豆却是一个很好的补充。

京都寺庙林立,长久以来就是精进料理的中心。用面筋制成的一种被称作"麸"(fu)的素食就是此地的众多发明之一,是一种仿肉食品。它本身味道很清淡,但在上好的鲣鱼高汤中浸泡之后,就成了京都料理中不可或缺的食材。不同的准备方式会让它呈现不同的口感,烤、焖、放进汤里煮都非常合适。如此百搭且好用,令它可与任何一种烹调方式相配,只有想不到,没有做不到。

200年以来,以"麸"为特色食品的麸嘉一直在制作这种标志性的精进料理。人气非常高的一款就是被称作"麸饅頭"的面筋馒头,它把红豆沙包进面筋馒头里,再用小竹叶(笹の葉,sasanoha)包裹馒头。美味、富有弹性且爽滑可口,面筋馒头成了最受欢迎的京都土特产之一。

麸嘉的小堀周一郎说:"我们将面筋和糯米按照2∶1的比例混合,快速蒸好。重要的是达到坚挺又如同果冻般的质地。整个过程都由手工完成,所以无法大量生产。"

为了让这种美味行销海外,麸嘉开发了新品种的面筋馒头,使用更为适合法国和意大利料理的食材,比如罗勒和西红柿糊。这种甜品的制作方法500年前由中国传至日本,如今再次抓住了大众的胃。

料理人//
小堀周一郎
Kohori Shuichiro
地点//
麸嘉,京都
Fuka,Kyoto
http://www.fuka-kyoto.
com

面筋馒头

麩饅頭

FU MANJU

制作15~20个面筋馒头

准备时间:3小时45分钟加上隔夜浸泡的时间
烹饪时间:35分钟

150克高筋面粉

10克盐

40克糯米粉(白玉, shiratama)

25克艾草(yomogi),可选,可以让面粉着
色变成青绿色,同时增添清香

10克麦芽糖浆

准备红豆沙

150克红豆

150克糖

1　将红豆放入一个大碗中,加入大量冷水,浸泡一整夜。

2　沥干红豆,冲洗干净并沥干水。倒入一个大炖锅内,加入5~6倍于红豆分量的水。放在火上烧开,然后降低火力慢炖,加盖继续煮1.5~2小时,或直到豆子变软。必要的话,在此期间加水,保持豆子一直被水覆盖。加糖,打开盖子继续煮45分钟,偶尔搅拌一下。当混合物看上去成糊状时,关火,放凉。红豆沙可以在冰箱里保存一周时间,或者可以冷冻保存3个月。

3　与此同时,准备做面筋馒头,将面粉、盐和100毫升水放入一个大碗中混合,然后放置约2小时,直到混合物发成面团,质地如耳垂般柔软。

4　如果要使用艾草,把它放入烧开的水中烫30~60秒。捞出后迅速浸入冷水中,以保持其鲜嫩的色彩。

5　在水槽(或面盆)中放满冷水。把面团放在一块干净的茶巾上,紧紧包住,不停地在冷水中揉面(洗面),不时更换水,保持水质清澈。大约需要换水6~7次,然后中间可以把茶巾上淡褐色的黏渣(面筋)刮掉。最后剩下的一团就是面筋了,把它静置1小时。将面筋、糯米粉、煮过的艾草(如使用)和麦芽糖浆混合成面团,直到它的质地也如耳垂般柔软。

6　把面团切成一口大小的块状,按压成圆形皮子。在里面放上红豆沙馅料,包成馒头形状。在蒸锅里放上馒头,蒸10~15分钟。需要的话,将此步骤重复用于剩下的小面团。

7　把一片竹叶(或粽叶)折成粽子的样子,里面放上一个面筋馒头,重复这一步,把所有馒头都摆盘完毕后上桌。

葛根凉粉

葛切り

KUZUKIRI

这个世界上有一种特别的食物，就是葛根凉粉。作为京都的传统甜点，它已经在鍵善良房传承了300多年，传递了足足15代人。

鍵善良房与京都的"花街"（娱乐区）保持着长期关系，在那里，身穿和服的舞伎（maiko-san）会表演歌舞来取悦客人。即使在今天，祇园（Gion）也是京都花街之中最为高雅的一个，而这家餐厅就位于祇园的一片小门帘之后。

葛根凉粉是花街最受喜爱的料理之一。它是将葛根（葛，kuzu）的根茎淀粉（葛根淀粉）溶解在水中制成的。制作品质最高的葛根淀粉，需要在最冷的冬日，把根茎上的小细根都除去，用地下水清洗数次，然后自然晾干。

把干葛根磨成粉，当葛根淀粉溶解时，水就会变得浑浊。此时，鍵善良房的伙计们就把它倒入铜锅，然后继续炖煮。等到液体重新变得清澈并开始凝固时，就把它切成面条状，然后再蘸着黑糖糖浆来吃。这种如丝般顺滑的独特口感是其他甜品无可比拟的。

鍵善良房的浜野晃次说："就像乌冬面一样，这道甜品需要用不滑的原木筷子细细品尝。只有这样，化着雪白妆容的艺伎们才不会把口红抹掉，或把和服弄脏。葛根凉粉趁新鲜时吃最美味。对所有在京都生活的人来说，蘸着糖浆，吸一口顺滑、冰凉的葛根凉粉都是熟悉的记忆，今日依然如此。"

葛根凉粉看似简单，实则有深度。最重要的在于用水。这道料理成为京都特色的原因在于本地汇聚了大量低钙地下水（软水），这是大自然的馈赠。根据浜野晃次的说法，他们曾经使用井水来制作葛根凉粉，不过现在也可以使用高质量的自来水。

在京都，据说一家餐厅需要营业超过300年才能被称为"老字号"。这么多年来，京都人对葛根凉粉的热爱从未减退。如果搭配抹茶一起食用，你同样会沉醉于京都300年的美食历史长河之中。

料理人//
浜野晃次
Hamano Koji
地点//
鍵善良房，京都
Kagizen Ryobo，Kyoto
http://www.kagizen.co.jp

葛根凉粉

葛切り
KUZUKIRI

供4人食用

准备时间: 5分钟
烹饪时间: 15分钟

30克软淡褐糖

30克砂糖

100克葛根淀粉

1 将两种糖倒入一个长柄炖锅,放在低火上。糖开始溶化后,不要搅拌也不要晃动锅,直到颜色变成深褐色,然后关火。小心不要把糖浆烧煳。

2 在碗里将葛根淀粉和250毫升水充分混合,可以多多搅拌。用一个滤网过滤一遍,确保没有结块。

3 将一满勺葛根淀粉混合物倒入一个宽口浅锅内,置于高火上,将锅倾斜让淀粉均匀铺满锅底。烧开之后,转为中火。继续煮2分钟,直到淀粉呈半透明状。立刻端下锅,用锅铲小心地将葛根粉从锅里铲出来,然后倒入一碗冰水中,让它完全冷却。重复此步骤直到所有葛根淀粉混合物都煮好,变成葛根凉粉块。

4 沥干水,用刀将凉粉块切成细条。食用时,将凉粉浸入糖浆中。最简单的方法就是使用原木筷子,弄湿更好,这样就不会滑得夹不住了。

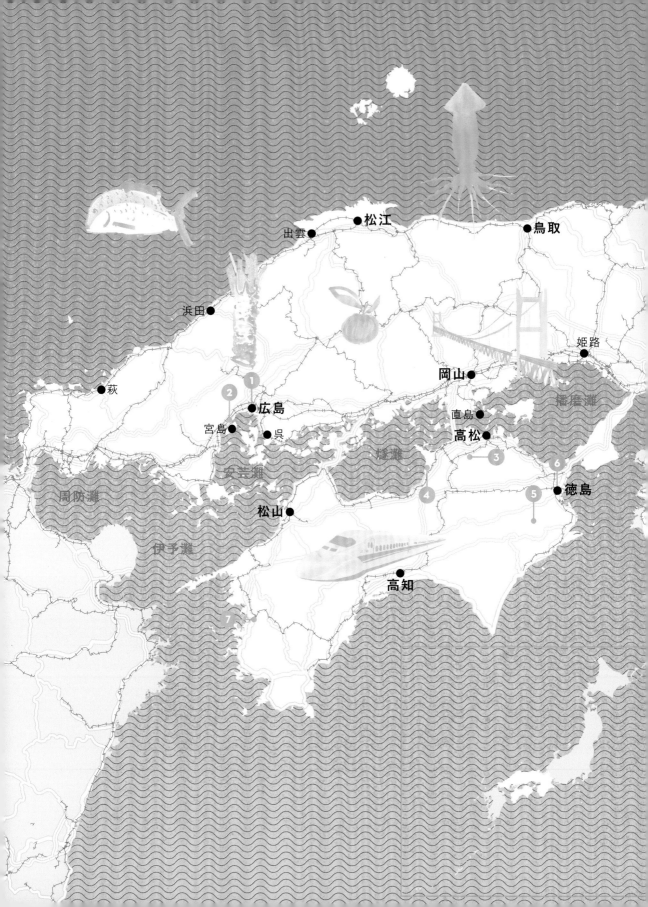

松江
出雲●
鳥取●

浜田●

萩●

姫路●

岡山●
①
②
広島●
直島●
宮島●
●呉
高松●
⑥
④
③
⑤
●徳島
安芸灘
燧灘
播磨灘

周防灘
松山●

伊予灘

⑦

高知●

日本西部

被两片海洋包围着的日本西部地区以全年盛产的新鲜鱼类闻名。
这里气候温和,是稻米和蔬菜之乡,当地菜肴偏甜且味道浓郁。

御好烧
お好み焼き
OKONOMIYAKI

见178页

烤海鳗饭
穴子めし
ANAGO MESHI

见182页

鸡蛋乌冬面
釜玉うどん
KAMATAMA UDON

见186页

鱼糕
かまぼこ
KAMABOKO

见192页

鸡肉蔬菜火锅
鳥鍋
TORINABE

见196页

清酒蒸鸣门鲷鱼
鳴門鯛の酒蒸し
NARUTOTAI NO SAKAMUSHI

见200页

覆面
ふくめん
FUKUMEN

见204页

御好烧

お好み焼き

OKONOMIYAKI

人人都爱御好烧——
这种美味的煎饼在日本
各地都能吃到。

说起御好烧，广岛风御好烧和众多人熟知的关西风御好烧齐名。当你从广岛城中走过时，煎制御好烧的香味会一路挑逗着你的嗅觉神经。御好烧在日本各地会有不同的做法，以广岛而言，最与众不同的特色是先用调好的面浆打底（烤好后底部会有一层香脆的薄焦），上面再堆以切丝卷心菜、豆芽和五花肉。"お好み（okonomi）"意为"随你喜欢的（口味）"，此言不假，御好烧一般用铁板煎成，最后还可以自己选择添加甜咸烧饼酱、干海苔粉、木鱼花，还有些人喜欢加大量蛋黄酱。

想要尝试广岛风御好烧，口味正宗的みっちゃん（Mitchan）可算是最佳选择。该店于20世纪50年代始创时只是街头小摊，但他们发明的御好烧烹制手法，最后传遍了全日本。"'二战'时，整个广岛市被原子弹夷为平地。"みっちゃん的厨师植川学解释道，"在贫困潦倒的战后时期，御好烧让人们得以饱腹。"

享用御好烧，比起用筷子，使用一种被称为"ヘラ（hera）"的金属制小铲子作为餐具才更正宗，而其原因正与みっちゃん有关，当年还是小摊档的时候，みっちゃん的老板考虑到铲子比筷子更容易清洗。这种节俭的做风也体现在煎饼的用料上，植川说道："因为在天气不好的时候，卷心菜非常昂贵，作为没办法的办法，当时的老板在卷心菜中增加了豆芽。这样一来不但蔬菜加量，而且口感也更爽脆。"

虽然御好烧看起来是在铁板上煎熟，但其实部分配料是蒸熟的。在卷心菜和豆芽被慢慢煎熟的过程中，它们产生的水分会对其本身和其他配料产生蒸熟的效果。当你趁热一口咬下去，混合着各种食材味道的猪肉、清甜的卷心菜和口感丰富的酱料在口中融合，这种有深度的味道，令人回味无穷。

料理人 //
植川学
Manabu Uekawa
地点 //
みっちゃん，广岛
Mitchan，Hiroshima
http://www.okonomi.
co.jp/index.html

御好烧
お好み焼き
OKONOMIYAKI

供2人食用

准备时间：5分钟
烹饪时间：10分钟

食用油，供油炸

150克低筋面粉

200克卷心菜，切丝

40克豆芽

6块五花肉，切成细条

1个鸡蛋

盐和胡椒

上菜准备

日式御好烧酱[お好み焼きソース, okonomiyaki sosu；如果没有，将伍斯特郡酱（Worcestershire sauce）和番茄酱按3∶1比例混合]

干海苔粉

木鱼花

蛋黄酱

1 在大号煎锅内倒入一薄层油，中火加热。另找一碗，将面粉与250毫升水混合并调味。加入一小勺面糊进锅内，将锅倾斜以形成一薄层面饼。

2 将卷心菜、豆芽和猪肉条放在面饼上，用小铁铲轻轻将面饼翻面，用铲子的平面部位按压。将煎饼推到锅子的边缘，中低火煎约10分钟。

3 将鸡蛋打到锅内的空隙处，煎至半熟时放到煎饼上，然后再次给煎饼翻面（如果想要更好地烹制御好烧，长方形的电磁炉是更方便的选择，否则就需要一口较大的平底锅才能挥洒得开）。

4 淋上日式御好烧酱、海苔粉、木鱼花并抹上大量蛋黄酱。切成块之后享用。

"'二战'时，整个广岛市
被原子弹夷为平地。
在贫困潦倒的战后时期，
御好烧让人们得以饱腹。"

烤海鳗饭

穴子めし

ANAGO MESHI

日本海中的海鳗数量正在不断减少。赶紧来广岛，加入排队的人群，尝一下上野超赞的烤鳗鱼饭便当吧。

时　至今日，日本的"便当（弁当，bento）文化"已风靡全球。任何种类的食物都可以盛放在便当盒内，但便当的精髓在于食物冷却之后吃起来仍然可口。在这层意义上，广岛うえの（Ueno）餐厅的烤海鳗饭便当可以说是便当之王——冷掉之后依然美味非常。

うえの的售卖烤海鳗饭已有百年历史。现在的老板（第四代）上野先生说："濑户内海（Setonaikai）全年都能捕到鳗鱼。我们的烤海鳗饭，始于售卖便当盒中的烤海鳗，和用海鳗骨熬成的高汤煮出的米饭。"

这种传统的木制便当盒由"経木"（kyogi）制成，打开后就能看到排列整齐的烤海鳗，切口呈45度角。烤海鳗饭唯一的配菜是日式渍物（酱菜），看上去极为简洁。烤海鳗上的甜味酱汁和得益于鳗鱼骨高汤而鲜味浓郁的米饭，如水乳交融，一旦开吃绝对停不下来。

上野解释道："我们只烤制活海鳗（活け穴子，ikeanago）。新鲜捕捞的海鳗会被放入一大缸清水中搁置一夜，以起到清洁的作用。次日现杀，去除内脏后便开烤，既简单又纯粹。肥美的鳗鱼油脂会在口中散开，包裹你的舌头。"

近些年，海鳗的捕获数量急剧减少，想要获得高质量的海鳗变得越来越难。因为这里的料理方式就是单纯的炭烤，所以其味道完全取决于鳗鱼本身。由于店家对质量的坚持，海鳗的减少也意味着烤海鳗饭便当变得更为抢手。

当被问到冷掉之后仍然能保持美味的秘诀时，上野回应道："鳗鱼新鲜烤制，米饭新鲜烹就，一同热腾腾地放入便当盒中。得益于経木便当盒，多余的水分可以排出，留在盒中的只剩美味。这就是秘诀。"

料理人//
上野纯一
Ueno Junichi
地点//
うえの，广岛
Ueno, Hiroshima
http://www.anagomeshi.
com/

烤海鳗饭

穴子めし
ANAGO MESHI

供4人食用

准备时间: 1小时
烹饪时间: 1小时

2条海鳗（anago）

300克日本米

300毫升鲣鱼高汤（见257页）

15克酱油

15克味醂

盐

味醂酱的做法

30克（2大勺）酱油

30克（2大勺）味醂

5克（1大勺）糖

1 用一把锋利的刀将鳗鱼沿脊柱剖开，去内脏、剔骨。将骨头留在一旁备用。

2 大火加热平底锅（牛排锅），把鳗鱼煎烤至褐色。注意很容易烤焦。从锅中铲出后切段。

3 用炖锅将鲣鱼高汤大火烧开。加入留下的鳗鱼骨煮约10分钟，把漂浮到表面的泡沫撇干净。

4 把米在冷水里冲洗干净并沥干水。和鲣鱼高汤一起放入炖锅（或电饭煲）内，用酱油、味醂和盐调味。烧开后转到低火，煮20~25分钟，直到米饭变软。

5 准备做酱，将酱油、味醂和糖在一个小炖锅内混合。烧开，然后以文火煨2分钟，直到变得黏稠。

6 将米饭分盛在碗中。把鳗鱼段整齐地放在米饭上，刷上黏稠的酱。

鸡蛋乌冬面

釜玉うどん
KAMATAMA UDON

鸡蛋乌冬面入口爽滑怡人，据说，最初的起源是一位山越乌冬（山越うどん）的顾客不停地详述其吃热面条配生鸡蛋和酱油时的愉悦感。

位于四国岛（Shikoku）东北部的香川县（Kagawa）被称作是"乌冬之县"，这里拥有全日本最为集中的乌冬面馆。在香川，乌冬被称为"赞岐乌冬"（讃岐うどん，sanuki udon），口感尤为紧实筋道。

为了保持赞岐乌冬独特的质地和口感，它的烹饪方法非常简洁。鸡蛋乌冬面就是其中的一种，它由生鸡蛋包裹着新鲜煮好的乌冬，淋上酱油，马上就可以有滋有味地开吃。嫩滑的蛋液和酱油混合起来，带出超凡的口感。山越乌冬（山越うどん，Yamagoe Udon）餐厅据说是这道简朴料理的发源地。

山越乌冬的老板山越伸一每天都亲手做面条。"新鲜手打的筋道赞岐乌冬直接开煮。而且我们并不用通常的'过冷河'手法，面条从被称作釜（kama）的锅中盛进碗里端上桌。这也是釜玉乌冬（釜玉うどん，kamatama udon）中釜玉这个名称的由来。在煮的过程中面条吸收了汤汁，所以我希望你能享受热乎乎、嚼劲十足的口感。"

在山越乌冬，点完面之后，你可以从柜台前摆放的多种天妇罗中选择自己的配菜。配菜主要是蔬菜天妇罗，如牛蒡（ごぼう，gobo）或莲藕（蓮根，renkon），还有本地特产鸡肉天妇罗（とり天，toriten）。每家餐厅都有自己独到的烹饪方式，所以每天吃面也不会吃腻。

"我们希望你能多尝试几家不同的乌冬面馆，你只用点一碗小碗面（200克）就好。"山越建议道，"有些人确实一次能吃四五碗！"

料理人//
山越伸一
Yamakoshi Shinichi
地点//
山越うどん，香川
Yamagoe Udon, Kagawa
http://yamagoeudon.com/

鸡蛋乌冬面

釜玉うどん

KAMATAMA UDON

供2人食用

准备时间: 5分钟
烹饪时间: 10分钟

400克乌冬面

2个（可生吃的）鸡蛋

2小勺酱油

1根葱，切丝

1 大锅加水烧开，放入面条。根据包装指示煮面，注意保持面条的筋道。

2 同时，用水壶烧开水，将热水倒入装面的碗里，给碗加热。

3 面碗热后倒出水，把面条沥干水捞出，立刻分盛到热好的碗中。每碗打入一个生鸡蛋，用筷子用力搅匀。淋上酱油，洒上葱花，趁热享用。

鱼糕

かまぼこ

KAMABOKO

冰箱出现之前，渔夫们捕获大量海产后常为保鲜问题发愁，制成鱼糕就是解决方法之一。

料理人 //
福岛加寿子
Fukushima Kazuko
地点 //
福弥，观音寺市，香川县
Fukuya, Kanonji, Kagawa

鱼糕是日本人庆祝新年的必备食材。其主要做法是将捣碎的白鱼肉与蛋清混合做成鱼糊，再以盐和味酥调味，最后加热成形。从前，人们会将鱼糊放在一条竹片中，以炭火烤制。这种食物的历史到底有多久呢？在日本最早的长篇写实小说《源氏物语》中就已经提及鱼糕，它可能已占据日本人的餐桌一角超过千年。

香川县（Kagawa）观音寺市（Kanonji）的福弥（Fukuya）餐厅一直使用瀬户内海产的小鱼制作鱼糕，这片海域以日本营养最丰富的水体之一而闻名。位于海岸中段的观音寺市距离这片令人眼红的渔场不过几步之遥。福弥的从业者福岛加寿子女士向我们介绍了关于鱼糕的背景知识："在瀬户内海，能捕获到各种各样的高质量白身鱼（肉质为白色），包括牙鳕、石鲈、白姑鱼和海鳗。这里是名副其实的食材宝库，得益于大阪和京都对鱼糕的长期需求，许多鱼糕专卖店都在此安家。"

除了以白身鱼制作的鱼糕之外，福弥还会使用名为褐虾（エビジャコ, ebijako）的小虾为材料，制作一种特别版本的当地鱼糕。煞费苦心地一个个去掉虾头之后，这种虾与白鱼肉糜及豆腐混合在一起，用油煎制。

福岛女士对这种虾情有独钟："无论是白煮、晒成虾干还是作为食材加入其他料理中，褐虾都很美味。甜美的虾肉还可以用来制作可口顺滑的高汤。把褐虾放在油里煎炸时释放出的香味让人忍不住口水直流，胃口大开。"

直接享用鱼糕就已足够美味，而搭配新鲜研磨的芥末，它转身一变就成了清酒的下酒菜"板わさ"（ita-wasa），这种吃法在新年时最为流行，那也是福弥最为忙碌的时段。在日本新年的"御節料理"（osechi-ryori）中，鱼糕是必备配菜，因为其红白相间的颜色对日本人来说代表了新年好兆头。

鱼 糕
かまぼこ
KAMABOKO

供4人食用

烹饪时间：40分钟

500克去皮白身鱼的鱼片（如海鲈鱼、鲷鱼或鳕鱼），切成块状

2个鸡蛋的蛋清

1大勺味醂

2小勺糖

1小勺盐

你还需要：
15×5厘米的木帘或竹帘，即制作手卷寿司的那种工具

1 把鱼放进食物料理机内，打成较粗的糊状。加入蛋清、味醂、糖和盐，再打成细细的糊状。

2 用煎鱼锅铲取出一些鱼糊，放在竹帘上卷成半圆柱形。确保表面光滑平整。

3 把裹着鱼糊的竹帘放入蒸锅，蒸约10分钟，到鱼肉摸起来富有弹性即可。

鸡肉蔬菜火锅

鳥鍋
TORINABE

一碗鸡汤就表达出德岛县那灰色山村一般的灵魂,山埃农场的鸡肉蔬菜火锅,能抚慰所有操劳工作的疲惫心灵。

小的上胜町（上勝，Kamikatsu）藏身于群山之中，却有"树叶经济之村"的名头。村中的老年居民通过将采摘到的树叶、花朵和山野蔬菜销售给传统日式料亭作为料理中的装饰（称作"つま"，tsuma），创造了年销售额过2亿日元的产业。他们也因此而闻名于日本。

现在的上胜町拓展了一项新业务——农家民宿。在树叶产业成功后，许多年轻人或是搬来村里长住，或是在某个季节来到村中。农家民宿的目的是让这些年轻人像在亲戚家一样住在当地家庭里，同时还可以体验村里季节性的农业劳作。这项计划由整个村子共同发起，如今非常受城市年轻人的欢迎。山埃就是这样一家农家民宿，那里养殖的鸡很有名，已经拥有了品牌"阿波尾鸡"（Awaodori），是德岛县的名产之一。他们供应的鸡肉蔬菜火锅广受好评。

民宿主人岸里枝说道："我们在鸡汤里炖入山中采摘到的当季食材。秋天，是山里采到的蘑菇，而冬天，就会是像萝卜或大头菜这样的根茎类蔬菜。冬日严寒，山中温度会降到零度以下，这时大家聚在一起，在火炉边一起吃火锅，这是最棒的待客之道。"

金黄色的清炖鸡汤本身就足够美味，加入蔬菜一起炖后，食材的滋味和气味就融入汤里。火锅吃完后，将米饭加入剩余的汤内，打一只新鲜鸡蛋做成粥（雑炊，zosui），便可继续享用。

产自梯田的天然种植稻米，每一粒都吸收了鸡肉中的胶原蛋白，哪怕觉得自己已经吃饱了的人，也忍不住要再添一碗。严寒来临时，上胜町有时会风雪封山，鸡肉是重要的蛋白质来源。对参加农家民宿的人来说，在田间辛苦劳作一整天可不是他们每天都会经历的事情，但这种鸡肉蔬菜火锅则是让人上瘾的厚待，能抚慰一切疲劳。

料理人//
岸里枝
Kishi Satoe
地点//
農家民泊［山挨（やまあい）］，上胜町，德岛县
Noka Minpaku
（Yamaai），Kamikatsu，
Tokushima
http://kamikatsu.life/

鸡肉蔬菜火锅

鳥鍋

TORINABE

供4人食用

准备时间: 10分钟
烹饪时间: 2小时

500克鸡肉, 切成一口大小的块

1大勺酱油

2小勺味醂

300克大白菜, 切成3~4厘米大小的块

100克白萝卜, 切成一口大小的块

50克小葱, 切葱花

8个香菇, 对半切

1块(200克)老豆腐, 切成方便入口的小块

200克煮好的白米饭(见256页)

1个鸡蛋, 打散

盐

1 将2升水放入大汤锅内, 烧开。放入鸡肉块, 半盖盖子, 煮1~1.5小时, 撇干净浮沫。

2 把酱油、味醂和蔬菜加入肉汤中, 放入一两撮盐。煮5~10分钟, 到蔬菜炖熟即可。加入豆腐。将鸡肉、蔬菜和豆腐盛到热过的碗中。

3 将煮好的米饭拌入锅中剩下的汤里, 煮几分钟。加盐调味, 拌入打好的鸡蛋并立即盖上锅盖焖30秒。将米饭和汤盛到碗中, 趁热吃。

清酒蒸鸣门鲷鱼

鸣門鯛の酒蒸し

NARUTOTAI NO SAKAMUSHI

如果你问日本东部人他们最爱的鱼是什么，答案可能是金枪鱼，但关西人则会不假思索地回答：鲷鱼（tai）。在日本，鲜红的鲷鱼被称为节庆之鱼，是庆典宴席的重要组成部分。

在 日本的海岸线上，能捕捞到鲷鱼的地方不少，但连接了本州岛和四国岛的鸣门海峡出产最为昂贵的鲷鱼。原因在于海峡的洋流和潮汐极为湍急，甚至鸣门的海上漩涡还是当地著名一景，在这种环境下生长的鲷鱼自然肉质丰厚且紧致，"鱼中之王"的美名恰如其分。

德岛（Tokushima）供应鲷鱼的餐厅不少，滨喜久（Hamagiku）便是其之一，那道清酒蒸鸣门鲷鱼最是闻名。店里的做法会搭配清酒与海带来蒸鲷鱼鱼头（かぶと，kabuto）。厨师长滨田（Hamada）先生很骄傲地认为鸣门鲷鱼是日本第一棒。

"因为这已经是日本第一的鲷鱼，就不需要增加太多调味了。我们会从鳃的地方把鱼头切下来，然后原汁原味地蒸成料理。鲷鱼鱼肉的美味通过刺身来体验最好不过，但是鱼骨周围的胶质，才是老饕最爱。哪怕吃相难看，品尝鲷鱼的正宗方式还是大声吸溜着享用鱼骨、鱼肉等部分。"滨田先生如是说。

清酒蒸鸣门鲷鱼上桌时宛如一道亮丽的风景，紧绷的胸鳍显示出食材的新鲜。鲷鱼生性凶悍，主要捕食虾蛄和虾米，有时也吃栖息在沙里的贝类。

"先吃鲷鱼的鱼脸肉，这部分肌肉是鲷鱼捕食时会用到的部位，肉质弹牙。接着将鱼头翻过来，享用与鳃相连的部位，然后尝试啜食骨头以及其他部分。这样你就可以享用到附着在鱼骨上的丰富口感。最后，品尝鱼眼的胶质物。真正的鲷鱼爱好者，都会争着抢着吃鱼眼。"

在关西地区，人们认为鲷鱼质量的好坏决定了一家餐厅的水平。鲷鱼是野生鱼类，不易捕捞。每日早上餐厅老板们来到市场，最为重要的大事就是抢在别的餐厅前买下质量最好的鲷鱼。

滨田先生还说道："自称不爱吃鱼的人，多是没有品尝过真正的鱼肉之鲜。日本料理讲究的是'做减法'，尊重食材的本真味道，添加花里胡哨、不必要的东西绝不可取。我认为这体现了对食材最高的尊重。"

料理人//
滨田利宏
Hamada Toshihiro
地点//
滨喜久，德岛
Hamagiku, Tokushima
http://hamagiku.com/

清酒蒸鸣门鲷鱼

鳴門鯛の酒蒸し

NARUTOTAI NO SAKAMUSHI

供4人食用

准备时间: 15分钟
烹饪时间: 20分钟

500~800克新鲜鲷鱼, 切成一口大小的块

15厘米长昆布

300毫升日本料理酒

5~10克酱油

5克柚子皮, 供装盘

1 将昆布盛在大号耐热盘 (瓷盘) 内, 把鲷鱼块放在昆布上面。

2 将日本料理酒淋在鱼肉上。盘子放入蒸锅, 盖上锅盖蒸10~15分钟。

3 开盖点入酱油。

4 在鱼肉上撒少量柚子皮即可上菜。

覆 面

ふくめん

FUKUMEN

"覆面"直译就是"面具"的意思,但产自宇和岛的这种面条,一旦看到就绝对让人垂涎欲滴。

沿着海岬锯齿状的海岸线,这条蜿蜒的道路起伏不平。当你略感晕车时,宇和岛(Uwajima)便出现在你眼前。这座城市位于四国西部边缘,是四国最主要的捕鱼社区之一,港口满是渔船,船舱里满载着鲷鱼(tai)和竹荚鱼(アジ, aji)。当地的渔产直发东京筑地鱼市,价格不菲。

本文的主角"覆面"是一道宇和岛特有料理。当地餐厅丸水(Gansui)历史悠久,特色便是宇和岛当地料理,店主岩田诚司先生对于覆面的盛盘有着严格的要求。由于覆面多现于婚礼和庆典时,卖相上佳是必要条件。

覆面使用不含麸质的魔芋丝(白滝, shirataki),由蒟蒻的块茎磨粉制成。在面条之上,厨师毫不吝啬地堆上当地特产红鲷、白鲷和蜜柑(mikan)皮,对比强烈的颜色引人注目。尽管味道清淡,覆面确实是养生食品:它几乎不含碳水化合物,卡路里极低,蛋白质含量也刚刚好。

岩田说道:"吃之前,需要让配料和面条充分拌匀。色泽亮丽的混合物在搅拌之后将会转变为暗褐色的糊糊。对于吃这种面的正确方式,有些家庭坚持认为要从中间起顺时针搅拌,尽可能长时间保持菜肴的视觉效果。"

将配色美妙的覆面搅拌成黯淡的颜色,符合佛教中"万事无常"的理念。这道料理颜色虽艳,但食材本身都很质朴。根据宇和岛当地老人的说法,多年以前当地还是一座贫困的渔村,因为可吃的东西不多,为了让自己穷酸的餐桌上能有一抹庆典的亮色,村民们发明了覆面。贫困年代勤俭节约的传统和美德,今日依然蕴含在覆面这道料理中。

料理人 //
岩田誠司
Iwata Seiji
地点 //
丸水,宇和岛/松山
Gansui, Uwajima/
Matsuyama
http://www.gansui.jp/
*本书出版时,丸水宇和岛本店依然在装修改造中。

覆 面

ふくめん

FUKUMEN

供4人食用

准备时间：5分钟
烹饪时间：20分钟

400克魔芋丝

1大勺酱油

2小勺味醂

1小勺糖，再多准备一些作为额外的调味

100毫升鲣鱼高汤（见257页）

200克白身鱼，如海鲈鱼、鲷鱼或红鳍鱼片

半小勺红色食用色素

1块蜜柑皮切丝

4根小葱切丝

盐

1 平底锅内倒水烧开，加入魔芋丝煮10分钟，撇干净浮沫。将魔芋丝捞出沥干。

2 把酱油、味醂、糖和鲣鱼高汤加入锅中，小火加热后，将魔芋丝重新放回锅内，大火烧开，煮到魔芋丝吸收了大部分高汤为止。

3 同时，另起一锅加水烧开，把鱼煮3~5分钟，以去除多余的油脂。捞出鱼肉，放进不粘锅中加热，让鱼肉变松碎。加盐和糖调味。当鱼基本水分尽失时，盛出一半鱼肉松放入碗内，加入红色食用色素搅拌。

4 盛出魔芋丝放在大盘中，仔细用鱼肉松、切好的蜜柑皮和香葱装饰上桌。拌匀后食用。

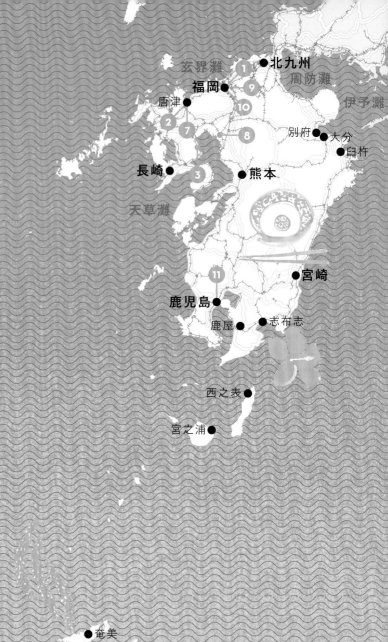

玄界灘

① 北九州

福岡●

周防灘

伊予灘

唐津●

②　⑨

⑩

別府　●大分

⑦

臼杵

⑧

長崎●

③

熊本●

天草灘

宮崎●

⑪

鹿児島●

鹿屋●　●志布志

西之表●

宮之浦●

奄美●

⑥

名護●　⑤

●沖縄市

那覇●

④

日本南部

属于亚热带气候的冲绳及西南诸岛以猪肉料理最为出名。
此外，当地也有不同于日本别处的独特料理派系。

豚骨拉面
豚骨ラーメン
TONKOTSU RAMEN

见210页

日式定食
和定食
WA TEISHOKU

见214页

蟹肉饭
蟹めし
KANI MESHI

见218页

炸鱼佐黄油汁
イマイユバター焼き
IMAIYU BATAYAKI

见222页

冲绳猪肋排拉面
ソーキそば
SOKI SOBA

见226页

乌贼墨汁汤
イカ墨汁
IKASUMI SHIRU

见232页

红烧鱼头
アラ炊き
ARADAKI

见236页

蒸河鳗饭
うなぎの蒸篭蒸し
UNAGI NO SEIROMUSHI

见240页

日式烤串
焼き鳥
YAKITORI

见244页

鸡肉火锅
水炊き
MIZUTAKI

见248页

日式涮涮锅
しゃぶしゃぶ
SHABU SHABU

见252页

豚骨拉面

豚骨ラーメン
TONKOTSU RAMEN

虽然,日本拉面可能源自中国,但它在日本进化成了不同的形态,并成为人人喜爱的食物。作为北九州(Kita Kyushu)最著名的豚骨拉面店之一,一风堂大名本店的奶白色猪骨汤底,颇为与众不同。

日本全国上下有超过一万家拉面店,每个地区都自豪于本地拉面的独特口味和料理风格。日式拉面甚至已经风靡海外,世界各地的拉面爱好者奔赴日本,向当地的拉面师傅学习日式拉面的技艺。位于福冈县的北九州,以独特的豚骨拉面闻名于世。顾名思义,豚骨(とんこつ, tonkotsu)汤底自然是以猪骨为原材料。拉面师傅会用巨大的炖锅熬制汤底,锅中的猪骨会持续炖煮几小时,拉面师傅也会不时撇去浮在汤表面的杂质,以保持汤底的特色——纯粹的奶白色。放心,豚骨汤底看起来虽然很肥腻,但品尝起来却相当清淡。

正宗的九州拉面(Kyushu ramen)会略带一点夹生。点单(注文, chumon)时,你可以选择面条的软硬程度,从最硬到最软分别为:ハリガネ(harigane)、バリカタ(barikala)、普通(ふつう, futsuu)和柔らかめ(やわ, yawamen),若想挑战极限还有更硬的"粉落とし"(konaotoshi, 面条只煮2~5秒)和"湯気通し"(yugetoshi, 意即过过热气,接近生面)。如果面不够吃,可"替玉"(kaedama)来增加一份面条,饱享余下的汤底。

起初,豚骨拉面只是为了让在鱼市劳苦工作的人能有一种廉价的饱腹选择而诞生的。而福冈的一风堂(Ippudo),将这种朴素的食物转化成了能与寿司和天妇罗比肩的日本标志性料理。时至今日,一风堂已成为日本最著名的豚骨拉面店。

一风堂成功的关键在于美味的汤底,这种美味可不是随随便便就能得来的,熬制汤底需要18个小时,还需要低温放置一整天,做成面条时,还会在汤底中加入店内秘制的调味料(かえし, kaeshi,以味噌为基味)。精选小麦制成的面条含水量颇低,口感弹牙又顺滑,与豚骨汤底相得益彰。这道杰作的最后组成部分是置于面上的猪肉叉烧(chashu),一风堂会采用猪肩肉和猪腩肉炮制叉烧。

一风堂大名本店的店长齋藤潤哉与我们分享了他的制面哲学:"我总是不停自问,如何能制作出比昨天更好的拉面?怎样才能制作出让所有顾客都满意的美味?"

料理人/店长//
齋藤潤哉
Saito Junya
地点//
一风堂大名本店, 福冈
Ippudo Daimyo Honten,
Fukuoka
http://www.ippudo.com/

豚骨拉面

豚骨ラーメン
TONKOTSU RAMEN

供4人食用

准备时间: 30分钟
烹饪时间:至少18小时

制作豚骨汤底

1千克猪腿骨

3升水

50克香葱,切碎,用于增加风味

2个鸡蛋,全熟,配菜用

制作叉烧汁

30毫升酱油

30毫升黄酒

60毫升水

150克猪腩肉

750克新鲜拉面(如果没有新鲜的,也可以用干面)

盐,调味用

1 从制作汤底开始。把猪骨放入大汤锅内,倒入大量水。大火迅速煮沸,将猪骨去血水,捞出后沥干。这样能做出更加清澈而细致的汤底。

2 将去血水后的猪骨放入一口干净的汤锅中,加水煮沸。敞开锅盖小火慢煮18小时,撇去过程中产生的全部浮沫并偶尔搅拌。保证骨汤充分吸收猪骨的精华,如果有需要可以往锅中加水。汤底颜色应该呈奶白色。

3 将猪腩肉用厨用棉线捆绑一下,以防炖烂。在干净的深口锅中加入酱油、黄酒和水,随后放入绑好的猪腩肉。大火煮沸后转至小火,煨煮1.5小时,叉烧汁和叉烧就都制成了。

4 将猪肉从锅中取出,切成薄片待用。

5 烧开一大锅水,加面煮2分钟,确保将面条煮至柔软但仍有嚼劲(或者根据包装提示烹饪)。面条沥水,分装在碗里。

6 每碗面都加一勺叉烧汁、一撮盐,浇上熬好的热骨汤,撒上香葱,摆放半只鸡蛋和几片叉烧。

日式定食

和定食
WA TEISHOKU

日式旅馆（ryokan）中提供的传统早餐定食，可算是最受人喜爱的日式料理之一。如今，比较传统的家庭中，餐桌上可能还存在着这种早餐，但更多的日本人，已经习惯咖啡和面包这样的西式早餐了。

传统的日式早餐可以一语记之——"一汤三菜"（一汁三菜, ichiju-sansai），指的是以一汤（味噌汤）为基础，配以三种"蔬菜"（实际上是三道配菜），搭配日式早餐的招牌——米饭，组合而成。这三道配菜有特定的要求：蔬菜必须应季，配菜中可以有鱼但不应有肉。

九州西北部的玄海（Genkai）海岸线上，唐津的川島豆腐店（Kawashima Tofu）已专业从事豆腐制作超过300年。店里的早餐自然就围绕豆腐展开，配以玉子烧（たまごやき, tamagoyaki）和鱼干。虽然豆腐在世界各处都已经不是稀客了，但是这里的豆腐以日本国产大豆和本地高质泉水制作，风味达到了别处不及的高度。笊篱豆腐（ざる豆腐, zarutofu）因笊篱（zaru）得名，将嫩豆腐（おぼろ豆腐, oborotofu）滤干水分制作而成，豆香浓郁，令人一旦开吃便停不下来。

川島豆腐店的主人川島義政说："因为我们这里是豆腐店，豆腐自然就是早餐的主要食材，米饭也采用本地的唐津米，蔬菜和鱼也均为本地出产。早餐是一天中最重要的一餐，我们会考虑均衡营养，同时做出令人无法抗拒的美味。"

直到50多年前，这种一汤三菜的饮食方式仍深植于每个家庭。然而随着西方文化的流入，日本人的饮食习惯也随之走向西化。但是一汤三菜的基因似乎依然流淌在他们的血液中。几乎所有的日本人，在经历了漫长旅程从海外归来时，都会在第一时间寻找传统日式早餐的影踪。

料理人//
川島義政
Kawashima Yoshimasa
地点//
川島豆腐店, 唐津
Kawashima Tofu,
Karatsu

日式定食

和定食
WATEISHOKU

供4人食用

准备时间：5分钟
烹饪时间：30分钟

2块鲭鱼肉（总重约150克）

300克大米，参照256页的提示煮饭

盐

制作味噌汤

340克绢豆腐

40克香葱，切成细丝

300毫升鲣鱼高汤（见257页）

30克味噌

制作日式煎蛋卷

3个鸡蛋

1大勺味酥

半小勺糖

1大勺日式酱油

食用油适量，炒菜用

1 制作日式煎蛋卷。在碗里打入鸡蛋、味酥、糖和酱油，一同打散。在玉子烧盘（tamago-yakiki，一种专门用来制作日式煎蛋卷的长方形平底锅）或不粘炒锅中用中高火加热油，油热后在锅中加入一勺蛋液，用量为刚好可以在锅上薄薄平铺一层。等待几秒让鸡蛋凝固，然后用筷子轻轻挑起一端的蛋皮，慢慢向另一侧翻卷，将蛋皮卷成长条。倒上另一层蛋液（如果怕粘锅，可再加入极少量的油），倾斜平底锅形成蛋皮。等待几秒后将之前做好的蛋卷回滚，卷起刚制成的蛋皮，再在锅里推回远离自己的那一端。重复以上动作直到蛋液用完。

2 将蛋卷从锅中盛出，放在切菜板上。切除两端不规整的部分，将蛋卷切成小段，置于一边备用。

3 豆腐控干，置于纸巾中间，轻微挤压去除多余水分。切成四块，放一边备用，准备烤鱼。

4 用盐腌制鱼肉。预热烤盘，鱼每面烤2~3分钟，当鱼呈现金黄色时就烤好了。

5 在深口锅里煮沸鲣鱼高汤，加入味噌、豆腐和香葱，轻轻搅拌使味噌溶化及充分加热豆腐。可依口味适当添加味噌。

6 在碗中分装米饭、味噌汤、蛋卷和烤鱼，呈上食用。

蟹肉饭

蟹めし

KANI MESHI

吃螃蟹饭时要忘掉那些餐桌上的繁文缛节，大口享用。因为在你嘴里绽放的海洋气息实在是难以抵挡。

在 有明海（Ariake），荡漾了大半天的海面会忽然消失，露出延绵好几公里的巨大滩涂。此处的潮汐变化世界第一，最大可达8米，也被称作"展示月亮引力的海"。

或许是因为蕴含了丰富的营养物质，这片海域出产的梭子蟹（kani）十分有名，甚至有很多人认为该地的螃蟹风味日本第一。白天，阳光炙烤着暴露在水面的滩涂，这些热气又被随后涌来的潮水卷走。那些在阳光下迅速积聚的微小有机物最终被带入海中沉淀积累。自日本列岛从海洋中冒出，迎接第一个黎明开始，月亮的力量便不断地滋养着这片富饶的海域。

"滩涂就是生命的摇篮。从这片海里捕捞上来的海货味道鲜美，而且据说比其他地方的同类长得更快。多亏了从其他大河过来的水流，这片海充满了营养。"割烹ひさご（Kappo Hisago）的川岛力男骄傲地说。

渔民们将网放至水下10米深处，用以捕获在水下灵巧游过的螃蟹。夏天的时候，多肉的雄蟹受人喜爱，而由秋入冬时，雌蟹因其美味的蟹黄而更受欢迎。

在川岛力男生活的竹崎（Takezaki），镇上有将近20家专做螃蟹料理的餐厅。与别处一样，此处烹制螃蟹的方式也为水煮，煮螃蟹的水用海水和淡水混合而成，咸淡适中，方便喝汤。

蟹肉煮好后鲜甜非常，直接吃已足够美味，然而当地渔民最爱的吃法还是蟹肉饭（kanimeshi）。烹好的蟹肉放在刚出锅热气腾腾的米饭上，浇点酱油便是绝佳美食。美味的小窍门是加蟹肉时，带上点煮蟹的汤水，浓郁的海洋风味融入白饭里，入口犹如天堂享受。

料理人 //

川岛力男

Kawashima Rikio

地点 //

割烹ひさご，竹崎

Kappo Hisago, Takezaki

蟹肉饭

蟹めし
KANI MESHI

供4~6人食用

准备时间: 30分钟
烹饪时间: 10分钟, 煮饭时间另计

340~400克的整蟹

450克大米, 依照256页的菜谱煮饭

1大勺酱油

海盐

1 将一大锅淡盐水煮沸, 放入螃蟹煮10分钟。关火后将螃蟹捞出控干水分, 保留一大勺的煮蟹原汤。将螃蟹置于一旁晾10分钟。

2 螃蟹不烫手时便可拆蟹, 掰掉腹部下方的蟹掩, 打开蟹壳, 去除蟹腮 (日本人认为蟹身的肉和蟹黄最为美味)。将蟹肉放入碗中, 加一勺煮蟹的原汤和一两滴酱油。

3 把蟹肉放在新鲜现煮的热米饭上, 开吃。

炸鱼佐黄油汁

イマイユバター焼き

IMAIYU BATAYAKI

即使是本地居民也认为冲绳的鱼外形好看却食之无味。但是凭借着古老的海洋智慧，糸满渔民食堂的玉城弘康，将这些色彩斑斓的鱼制作得色味俱全。

料理人//
玉城弘康
Tamaki Hiroyasu

地点//
糸满渔民食堂,那霸
Itoman Gyomin Shokudo,
Naha
https://www.
facebook.com/
itomangyominshokudo

糸满（Itoman）位于冲绳的最南端，渔民众多。在往日很长的一段岁月里，为了捕鱼，他们乘着木板制成的小舟，穿过巨浪划向海洋。玉城弘康出身于鱼贩家庭，在糸满的大海上听着渔民们的传说长大。而他开餐厅的原因却与众不同——"人们总是告诉我，那些花花绿绿的冲绳鱼，虽然放在水族馆里很好看，但是完全不好吃。确实，冲绳海域的鱼尝起来有点寡淡无味，但是如果你在对的季节选出了正确的鱼种，并且掌握调味技巧，你就能获得极具当地特色的美味。"

他的招牌鱼肉料理是炸鱼佐黄油汁（イマイユバター焼き，imaiyu batayaki）。"イマイユ"（Imaiyu）在冲绳方言中意为"新鲜的鱼"，店内的鱼名副其实——均为附近的海鲜市场直接运来的新鲜货。餐厅黑板菜单上最受欢迎的是一种叫四带笛鲷（ビタロー，bitaro）的白身鱼。经过两次料理后，这种鱼会充分释放鱼肉的香味。玉城弘康解释："冲绳产的鱼为暖水鱼，肉质不算紧实。炸第一遍，将鲜味锁在鱼肉内；炸第二遍，将鱼肉的香味带出。这样的鱼肉清淡蓬松，入口便融在舌尖。"如果点这种鱼，上桌时会加上店里特制的黄油汁，调味汁中的当地产的海藻石莼（アーサ，asa）和大蒜风味独特。

玉城弘康继续说道："现在来冲绳度假的人越来越多，我希望本地的居民能重新发现糸满甚至整个冲绳的饮食文化。为了实现这一点，继承传统很重要，迎接新事物的挑战也同样重要。我想要在这个日本版图的边缘，告诉全世界冲绳有多棒。"

炸鱼佐黄油汁

イマイユバター焼き
IMAIYU BATAYAKI

供4人食用

准备时间：5分钟
烹饪时间：15分钟

400克整条的白身鱼，如海鲷或者海鲈鱼，
去鳞洗净

30克低筋面粉

20克黄油

2瓣大蒜，切碎

10克干石莼，或其他海藻

盐和胡椒

1 在一口大炒锅或平底煎锅中倒入足量多的油，大约5厘米深，中高火加热至170℃（用温度计测量）。当油温足够热时，插入筷子时会产生大量气泡。

2 用盐和胡椒将鱼腌一下，拍上薄薄面粉。将鱼肉小心滑入热油中，每面炸5分钟直到两面均呈金黄色。将鱼从油锅中捞出，放在厨房纸上控干油分。

3 在一口干净的平底煎锅中将黄油加热至起泡，放入鱼肉并用勺子舀起黄油浇在鱼肉上，煎炸几分钟。用漏勺捞出鱼肉，盛入盘子中。

4 下一步，将大蒜和干石莼加入黄油中，根据个人口味调味。关火后将热黄油全部倒在炸鱼上，立刻食用。

冲绳猪肋排拉面

ソーキそば

SOKI SOBA

冲绳猪肋排拉面，对于冲绳这个以猪肉料理闻名的地方，可称得上是招牌菜了。巴西食堂的料理人山下明生，更喜欢以南美浓缩咖啡来搭配这道当地名产。

多亏了早年移居巴西和阿根廷，后又回乡的本地居民，你才能在冲绳找到南美洲的特色菜肴。巴西食堂（巴西的日语为ブラジル，Burajiru）也不例外，餐厅位于冲绳北部地区的名护（Nago），仔细看它装饰于外墙的巴西国旗，你会发现旗帜的正中间是一碗冲绳拉面。そば（soba）在日本别处多指荞麦面，而冲绳人将这个词用在拉面上，方言中也称之为すば（suba）。

除了冲绳拉面，巴西食堂还供应南美风格的烤鸡和巴西传统菜肴牛肉炖黑豆（フェイジョ·アーダ，牛肉と豆の煮込み，feijoada）。而有些人到店吃饭，最钟情于店内用南美产咖啡豆制成的意式浓缩咖啡。店主山下明生受海外迁回的父母影响，热衷南美口味，同时也痴迷于冲绳猪肋排拉面（ソーキそば，soki soba）这种当地人人热爱的料理。他说："虽然拉面源自中国，但冲绳拉面拥有自己的特色，用木鱼花和猪骨头做汤底的方法是当地独有的。我会用猪肋排（ソーキ，soki）作为拉面的浇头，烹制肋排的冲绳秘诀是使用甜酱油。"

山下明生认为冲绳料理的精神在于"混搭"（チャンプル，chanpuru），他说："很久以前，冲绳与中国大陆的古代王朝和台湾岛上的部落文明乃至亚洲其他地区都交流甚多，'二战'后，美军在这里建立基地。当然，日本本土的文化对冲绳影响最大。我相信只有在冲绳才能品尝到汇聚了世界各地风味的饮食。"

虽然冲绳四季如夏，但人们依然喜爱热腾腾的猪肋排拉面。小啜几口已开始冒汗，而肥美猪肉制成的浓厚汤底又实在让人难以抗拒。吃面时，如果加几滴由当地烧酒"泡盛"（awamori）和辣椒制成的调料，面的口味就会瞬间发生巨大变化。

当你放下筷子，接过山下明生递过来的意式浓缩咖啡时，一定会感慨，拉面配咖啡，真是典型的冲绳与南美混搭啊。

料理人//
山下明生
Yamashita Akio
地点//
ブラジル食堂，名护
Barajiru Shokudo, Nago

冲绳猪肋排拉面

ソーキそば

SOKI SOBA

供4人食用

烹饪时间: 4小时

800克猪肋排, 切成小块

2大勺酱油

2大勺日本料理酒

2小勺味醂

1大勺糖

400克鲣鱼高汤 (见257页)

320克冲绳面条, 或中式鸡蛋面

1根香葱, 均匀切碎

盐和胡椒

5克日式腌姜片

1 将肋排置于冷水中煮沸, 滤出血水。倒掉煮肋排的水并用清水冲洗肋排, 然后放锅中。

2 锅中倒入600毫升清水煮沸。中火煨煮2~3个小时, 直到肋排充分软熟。撇去过程中产生的任何浮沫。将肋排捞出, 和汤底一起置于一旁。

3 在深口锅中混合猪肋排、酱油、日本料理酒、味醂和糖, 炖煮1小时。

4 将猪肉汤底和鲣鱼高汤混合, 慢火煮沸。加盐和胡椒调味, 保温。

5 取一只锅烧水, 根据包装提示煮面条。

6 将面条分别装碗, 倒上热汤底, 加入肋排, 装饰上切好的香葱和日式腌姜片。

乌贼墨汁汤

イカ墨汁

IKASUMI SHIRU

冲绳人颇为推崇食疗，他们认为乌贼墨汁汤有助消化，符合食疗之道自然深受欢迎。且不说保健功效，这道料理汤底加入了木鱼花和猪肉，本身的鲜美就已足够吸引人了。

世界上有享用墨鱼汁菜肴习惯的地方并不多，据说只有意大利、西班牙和日本的冲绳。当地人相信其具有助消化和排毒，推崇不已。在过去，冲绳的女性生完孩子坐月子时的第一顿饭，就是一碗浓稠的墨鱼汁。

距离冲绳那霸（Naha）市中心一小时左右车程的本部（Motobu），深藏在翠绿的山原之森（やんばるの森，Yanbaru no mori）中。这里的餐厅さしみ亭（Sashimitei）以家庭菜闻名，专精于制作冲绳本地的鱼类料理，店内的乌贼墨汁汤（イカ墨汁，ikasumi shiru）也十分受欢迎。

"不新鲜的墨鱼汁会丧失应有的醇厚和光泽，这可是墨鱼汁最重要的两个要素。如果你吃了墨鱼汁料理之后马上出门，很可能张嘴一笑就是满口黑牙，那颜色很难去掉。不过有这么一个说法，越新鲜的墨鱼汁越不会染黑嘴。"さしみ亭的店长嘉数善太郎笑着说。他的墨鱼汁料理取材于当地产的白乌贼，冲绳是位居日本前列的乌贼产地，鱼市上甚至有专用于取墨的乌贼售卖。

"墨鱼汁能调理肠胃。"嘉数善太郎继续说道："而且对付宿醉和身体疲劳有奇效，可算是冲绳当地家庭常见的料理。余下的汤汁还可以加米饭做成墨鱼汁稀饭'クリジューシー（kurijushi）'，相当美味。"

与很多冲绳当地人一样，嘉数善太郎也很喜欢谈论食疗的概念。或许这源于当地人关怀他人的文化，几个世纪以来，世界各地的到访者们乘船前往冲绳。为了招待远道而来的客人产生的好客文化，成为今日冲绳料理的核心思想。其实想一想，也许墨鱼汁料理正是由来到冲绳的欧洲传教士带入的呢。

料理人//
嘉数善太郎
Kakazu Zentaro
地点//
さしみ亭，本部，冲绳
Sashimitei, Motobu,
Okinawa

乌贼墨汁汤

イカ墨汁
IKASUMI SHIRU

供4人食用

准备时间: 10分钟
烹饪时间: 15分钟

1.5升鲣鱼高汤（见257页）

500克乌贼, 清洗后切成一口大小的块状

200克猪腩肉, 切成一口大小的块状

2×4克乌贼墨囊

一把绿叶菜或大葱, 切碎

250克冲绳岛豆腐, 或普通豆腐

酱油

盐

味噌酱, 调味用（选用）

1 在一口大锅中加热高汤。放入乌贼和猪腩肉, 中火煨煮5分钟。

2 加入绿叶菜或大葱, 再放入墨鱼汁, 搅拌。

3 用酱油和盐进行调味。如果你喜欢更重一点口味, 可以加入一勺味噌酱。

红烧鱼头

アラ炊き
ARADAKI

身处陆地，四面环海，最佳下饭菜大概就是一道红烧鱼头了。日式的红烧鱼头采用日本料理酒、糖、酱油和味醂烹制而成。

在 日本有一种说法："吃红烧鱼头（アラ炊き，aradaki）不需要礼节。"用筷子夹起鲜美的鱼肉慢慢享用自然没有问题，但鱼头（かぶと，kabuto）凸起部分的骨头边上那一圈满溢的胶质却是最好吃的。这个部位的鱼肉风味最佳，所以每每上桌都会让同桌人争相下手。对于鱼头来说，用筷子吃起来麻烦多多，不如拿在手里啜食痛快。

洋々閣是一家传统日式餐厅，位于玄海岸边的唐津，在九州地区颇有名气。一般来说，红烧鱼头是典型的家常菜，但洋々閣将之打造成一道盛宴。当一块店里的红烧鱼头入口时，你会感受到一种纯粹的美味：鱼肉饱满，轻轻一夹便从鱼骨上剥离。料理中，鱼的每一部分口感和鲜味细品之下都有不同。毋庸置疑，无论是下饭还是小酌，红烧鱼头都是绝配。

在日本，如果一个人对面前的红烧鱼头全情投入，那姿势一定是相当帅气的，将面前的食物一丝不剩地彻底吃光的人，才是真正享受美味的人。料理人也会牢牢记住这些将鱼啜食殆尽、只留残骨的顾客。当这些真正欣赏美味的人再次光临时，料理人一定会拿出当日最好的食材招待他们。

料理人 //
大河内正康
Okouchi Masayasu
地点 //
旅館洋々閣，唐津
Ryokan Yoyokaku,
Karatsu
http://www.yoyokaku.
com/

红烧鱼头

アラ炊き

ARADAKI

供4人食用

准备时间: 10分钟
烹饪时间: 15分钟

500克白身鱼肉（海鲷或者海鲈鱼），切块

500毫升水

200毫升日本料理酒

1根牛蒡（大约100克），切薄片

30克生姜，切丝

70~90毫升酱油

60克糖

100毫升味醂

蒸蔬菜，作为配菜上桌

1 煮开一锅水，放入鱼肉后继续煮沸。几秒钟之后马上用漏勺将鱼肉捞出放入冰水中。

2 将水和日本料理酒高火加热煮沸，加入牛蒡和生姜，然后放入鱼肉，高火炖煮10~15分钟直到汤汁烧干只剩原来的三分之一为止。

3 加糖、味醂和酱油搅拌，然后再煨煮几分钟。将锅倾斜一边，用勺子舀起汤汁浇在鱼身上，直到汤汁几乎全部烧干。

4 将鱼摆在盘子上，装饰上蒸熟的时令蔬菜。

蒸河鳗饭

うなぎの蒸篭蒸し
UNAGI NO SEIROMUSHI

甜咸调味过的白饭上，
摆的是烤河鳗，而河鳗
的鲜香滋味，在蒸制的
过程中，渗入饭粒。元
祖本吉屋的这一道蒸
河鳗饭，关键就在于那
坛荟萃了300年风味的
酱汁。

柳川（Yannagawa）位于九州岛北部，当地只有7万人，却有差不多70家烹制河鳗的食肆，
数量冠绝日本。多条穿过城市的河流汇入有明海，淡水和咸水在这里交汇，往日在河中
就可以捕捞到新鲜的野生河鳗，然而如今市售的大部分河鳗均为人工养殖的。虽然野生鳗鱼确
实美味，但其鲜美程度很大程度上取决于生长区域、捕捞季节和吃什么长大的。而人工养殖的
鳗鱼保证足够美味的同时，又能全年供应。

河鳗最常见的做法是"蒲烧"（蒲烧，kabayaki），即活河鳗现杀，去除内脏后用签子串起炭
烤。柳川的食肆会把蒲烧河鳗放在米饭上，淋上咸甜酱汁后放入蒸笼，进行二次料理。用来蒸河
鳗饭的木盒便是"蒸笼"（蒸篭，seiro），这种菜肴被称为"蒸笼料理"（蒸篭蒸し，seiromushi）。

元祖本吉屋自江户时代便专精于蒸笼料理。酱汁是这种料理的关键。自餐厅成立之日至今
已经300多年，店内使用的酱汁也从那时开始便代代相传，荟萃了300多年无数条河鳗的味道。
河鳗在经过炭火烧烤后，会浸入酱汁调味，丰富油脂也会融入酱汁。元祖本吉屋每日都要烤制超
过100条河鳗，也就意味着每天都会有100条河鳗的鲜美滋味融入酱汁中。对于这样的餐厅来
说，酱汁即是餐厅的传统也是传家珍宝，充满了餐厅的个性，独一无二。

然而，如此美味的河鳗未来可能会从我们的餐桌上消失，饲养河鳗所需要的野生鱼苗日渐
稀少。除非有一天不再需要通过野生鱼苗来饲养河鳗，否则这种昂贵的美味估计在很长一段时
间内，都不会变回江户时代那种寻常人家都可随意享用的料理。

料理人 //
本吉勉
Motoyoshi Tsutomu
地点 //
元祖本吉屋，柳川
Ganso Motoyoshiya,
Yanagawa

蒸河鳗饭

うなぎの蒸篭蒸し

UNAGI NO SEIROMUSHI

供4人食用

准备时间：30分钟
烹饪时间：15分钟

200克现煮米饭（见256页）

100克河鳗，去骨切段

1个鸡蛋

盐和糖各一撮

少量食用油，做鸡蛋皮用

制作酱汁

200毫升酱油

200毫升味醂

100毫升糖浆

1 将制作酱汁的调料全部倒入一只小深口锅，中火煨煮3分钟。

2 将鳗鱼段的鱼皮一面朝下，置于烤架上炙烤，偶尔翻面，烤10~15分钟直到鳗鱼呈现出金棕色。给鳗鱼充分刷上酱汁，再烤几分钟。

3 将米饭倒入可耐高温的碗中，浇上酱汁，并将炭烤后的鳗鱼摆放在饭上。

4 将鸡蛋打入碗中，加一撮盐和糖混合。平底锅烧热油，倒入鸡蛋。倾斜锅面让蛋液在锅中均匀分布形成一张薄蛋皮，当表面凝固后，将蛋皮翻面，充分加热。将煎好的蛋皮从锅中取出，切成细丝。

5 将蛋丝分散铺在鳗鱼和米饭上，上笼蒸10分钟即可食用。

"对于鳗鱼职人来说，学习宰杀鳗鱼要花三年时间，
而学习烤制鳗鱼要花上一辈子。
我的使命就是将这种延续了300年的传统烹饪方式继承下来，
原封不动地传给下一代。"

元祖本吉屋店长，本吉勉

日式烤串

焼き鳥
YAKITORI

一根15厘米长的竹签，几块鸡肉，木炭烧烤，秘制蘸料，以上所有组合在一起会让你体验到味觉的天堂。这就是被称为焼き鳥（yakitori）的日式烤串。

九州的日式烤串主要食材多为猪肉，特别是猪腩肉，但鸡肉和牛肉甚至如章鱼这样的海鲜，同样是常见的烤串食材。最重要的是，烤串价格实惠，每串大约100日元（约合人民币6.2元）。肉吃多了怕腻？中间配一点生菜叶子，点一些酸甜酱汁。肉串、青菜再加上一杯冰凉的啤酒，这样的组合非常受工人喜爱。

日式烤串的乐趣在于无限的变化可能，烤什么肉，加什么酱汁都能随心选择，甚至还可以有西式风味的烤串。

优秀料理人八岛且典的日式烤串店八兵卫（焼とりの八兵衛, Yakitori no Hachibei）位于福冈，在他手中，一串简单的烤串也能展现出全席料理的精彩。以他的烤鸡翅为例，鸡翅洒上几滴大吟酿（daiginjo）清酒，置于900℃的木炭上烘烤。当你咬一口鸡翅，酥脆的鸡皮和软嫩的鸡肉完美平衡，鲜热的肉汁在口中迸溅开来，实在令人难以抗拒。他完美诠释了"简单的就是最好的"这种哲学，也难怪日式烤串这种看起来平凡的食物，能成为与寿司和天妇罗齐名的日本料理。

串上猪肉、小番茄、小青椒（ししとう, shishitou）和章鱼的烤串卖相赏心悦目，同时也能让你一串尝尽山海之鲜。多汁的猪肉、微酸的番茄、清苦的青椒和生脆的章鱼——烤串上的每一样配料都带着它们各自鲜明的口感和风味。

在所有烤串中，最受欢迎的是寿喜烧串（すき焼き串, sukiyaki kushi），由牛肉包裹着微苦的春菊（shungiku，即茼蒿）串成，蘸着咸甜酱汁和生蛋黄入口，满嘴皆是春菊清香。

八岛且典说："即便人不在日本，只要找来几根烤串签子，就能够用当地的食材制作一席完整料理。创意是无限的，能创造出受顾客欢迎的菜品是这份工作最好玩的地方。虽然看起来只是串肉炭烤这般简单，但其实非常考验料理人的创意。"

料理人//
八岛且典
Yashima Akinori
地点//
焼とりの八兵衛, 福冈
Yakitori no Hachibei,
Fukuoka

日式烤串

焼き鳥
YAKITORI

供4人食用

准备时间: 10分钟
烹饪时间: 15分钟

100克牛里脊, 切薄片

300克茼蒿或西洋菜, 切成4厘米长的段

刷串用的日本料理酒

4个蛋黄(请选择可生食的鸡蛋), 打散,
待用

制作寿喜烧酱汁

100毫升酱油

50毫升味醂

50毫升日本料理酒

100毫升糖浆

你还需要:

4根竹签, 提前用水浸泡

1 平铺一片牛肉, 将50克茼蒿或西洋菜放在牛肉一头, 朝着另一头卷起。紧紧包起后穿在竹签上。

2 预热烧烤架, 烧红木炭。在烤串上刷上日本料理酒放在烤架上炙烤至肉变成褐色, 记得不时翻动烤串。

3 同时, 将制作寿喜烧酱汁的所有原料倒入一只深口锅中, 中火加热, 轻轻搅拌直到酒精全部挥发。

4 烤好肉串后, 将烤串蘸上寿喜烧酱汁, 排好装盘, 用打散的蛋黄蘸食。

鸡肉火锅

水炊き

MIZUTAKI

这道著名的九州料理，用料只有鸡肉和水而已。当日本海吹来的寒风蚀骨而至，这道冬日抚慰料理，能让你迅速得到温暖。

鸡肉火锅源自江户时期，乍一看颇似中国的清鸡汤，或者西方的清炖肉汤（consommé soup）。虽卖相朴素，但渗入汤中的鸡肉之鲜，使得这道料理味道深厚而醇美。

这道料理并不需要额外的配料，但是在福冈，人们会搭配柑橘气味强烈的柑橘醋（ぽん酢，ponzu）食用。另外一种由盐渍柚子皮和绿辣椒制成的酱料，名为柚子胡椒（yuzukosho），同样是常见的鸡肉火锅调味料。

除了鸡肉，在汤中加入如卷心菜等蔬菜能增加甜润的口感，使汤变得更有滋味。为了防止冲淡汤的味道，要避免选择含水量太高的蔬菜，这也是为何卷心菜与鸡肉火锅很搭调的原因。浸润了鸡汤的卷心菜，令人不忍释箸。

剩下的鸡肉火锅汤底可以用来做粥（雑炊，zosui），要知道有些人甚至是为了这道最后的粥来吃鸡肉火锅的。在浓缩了鸡肉精华的汤底中，加入米饭，撒上一撮盐，再打一枚鸡蛋进去，每一粒米都吸收了鸡肉的鲜美，轻轻松松就会吃光两三碗。

福冈的餐厅とり田（Toriden）专精于鸡肉火锅料理，厨师长奥津启克曾是一名制作传统日式料理的料理人。他告诉我们制作美味鸡肉火锅的秘密："首先，对待食材的态度一定要精益求精。鸡应为当日早上现杀的。基础汤里的所有的杂质都要彻底撇去，保证去除鸡肉的全部腥气。我们希望通过这样的努力，使每一滴汤汁都同样美味。"

福冈的冬天严寒刺骨，冰冷的季风使人瑟瑟发抖，而热乎乎的鸡肉火锅则能让你由内而外地暖和起来。

料理人//
奥津启克
Okutsu Hirokatsu
地点//
とり田，福冈
Toriden, Fukuoka
http://www.toriden.com/

鸡肉火锅

水炊き
MIZUTAKI

供4人食用

准备时间: 1小时
烹饪时间: 20分钟

半颗卷心菜, 切块

200克豆腐, 切块

米饭适量 (做粥用)

1枚鸡蛋 (做粥用)

制作汤底

1只1.3千克的整鸡

2升水

制作柑橘醋

200毫升柚子或柠檬汁

200毫升酱油

100毫升味醂

1 大汤锅中加水, 放入鸡肉, 大火煮沸后, 炖3~4个小时, 撇去过程中所有的浮沫。中途可补加少量清水。

2 将鸡从汤中捞出, 置于案板上等冷却至不烫手。鸡肉去骨, 切成方便入口的小块。

3 重新煮沸鸡汤, 依次放入鸡肉、卷心菜和豆腐。煨煮5分钟直到卷心菜变软, 煮太老会让蔬菜失去嚼劲。

4 另取一碗, 放入所有制作柑橘醋的配料, 搅匀。

5 火锅煮好之后, 配柑橘醋以供蘸食。

6 做粥: 剩下的汤底可以重新煮沸, 加入米饭, 依个人口味调味。米饭煮好后打入鸡蛋, 拌匀。盖上锅盖用余温将鸡蛋焖熟。盛入汤碗中食用。

日式涮涮锅

しゃぶしゃぶ

SHABU SHABU

若你在昆布汤底中放入猪肉薄片，煮沸时会发出"shabu shabu"的声音，这也是日式涮涮锅得名的由来。

日式涮涮锅起源于中国的涮羊肉，但是在日本，主要使用猪肉，尤其是切成薄片的猪腩肉（富含脂肪）制作。鹿儿岛（Kagoshima）出产的黑豚（Kurobuta）是最具代表性的日本高级猪肉之一，出口至欧洲和世界其他国家。这种猪采用天然方式饲养，肥肉加热后会变得甘甜。由于脂肪的融点很低，涮的时候只要肉一变色，就说明可以吃了。日式涮涮锅的秘诀就是保持在80℃永不沸腾的昆布汤底，因为一旦汤开始沸腾，肉就会变老，丧失口感。

让涮涮锅变得更美味的配角是大葱（ネギ，negi）和豆腐。将肉包裹在大葱上一起吃，口感更加鲜美、爽脆。

当然，既然是涮锅，可涮的自然不止猪肉，无论是其他肉类、鱼类还是任何你认为可以涮的食材，都大可进锅"滚一滚"，比如鲷鱼或鰤鱼（ぶり，buri），切成薄片后就是绝佳的涮涮锅食材。对于涮菜来说，无论是肉还是鱼，关键都在于将刀倾斜45°切出薄片，只有接近半透明的涮菜才能在投入昆布锅底后几秒即熟。如果切出的片太厚，既损失口感，也失去了"涮"的精髓，所以在准备涮菜时要格外留意。

乌冬面是日式涮涮锅最好的结束方式，涮过肥美猪肉的汤底鲜甜无比，搭配乌冬面真是香得让人连汤都想喝光。

地点//
華蓮，鹿儿岛市山之口町
3-12
Karen, Kagoshima
Yamanokuchi-cho3-12
http://www.karen-ja.
com/

日式涮涮锅

しゃぶしゃぶ
SHABU SHABU

供4人食用

准备时间: 10分钟
烹饪时间: 10分钟

2升水

5厘米昆布

500克猪五花肉, 切薄片

100克豆腐

200克大白菜, 切块

50克大葱, 切段

乌冬面(可选)

制作蘸料

100毫升酱油

300克白萝卜, 磨成萝卜泥,
控干并挤出多余水分

1 在深口锅中加入水煮沸, 放入昆布。在锅中倒一杯冷水, 稍微降低温度。

2 用筷子夹入几片肉进锅涮, 注意昆布汤不能沸腾, 一旦肉的颜色开始变白就立刻捞出。然后加入豆腐和蔬菜煨煮1分钟, 最后加入剩下的猪肉直到煨熟。将猪肉和蔬菜装在浅口盘中。

3 将酱油和磨碎的白萝卜泥在一只碗中混合, 作为蘸料搭配猪肉和蔬菜食用。

4 可选: 享用完猪肉和蔬菜后, 可以在剩下的汤底中加入乌冬面煨煮。加热大约3分钟, 然后搭配蘸料食用。

基本食谱

日式土灶煮饭
かまどご飯
KAMADO GOHAN

かまど（Kamado）指日本的传统土灶，一般使用木柴或木炭加热。如果你没有这种土灶，可以参考日式煮米饭食谱（见右边），后者对厨具无特殊要求。

该食谱来自琵琶湖（Biwako）岸边的饭店ソラノネ食堂（Soranone Shokudo; http://soranone.jp/cafe）。

供2人食用	食材
准备时间: 30分钟	300克日本大米
烹饪时间: 20分钟	

1 用一个大碗盛少量水，细细地淘洗每一粒米，其间不停地换水，直到水变得较清澈为止。洗米在日语中，被称为研ぐ（togu）。

2 在碗中倒入清水，将米在水中浸泡30分钟。

3 把米沥干水，放入陶制的锅中，加入300毫升水，放在火炉上。当水开始沸腾并冒出蒸汽时，将火力调低，继续煮8~10分钟。一旦炉中传出微焦的气味就立刻把锅从火上端离。

4 不要打开锅盖，继续用余温焖10分钟（时间越长，米饭就越软）之后再开盖。用木制饭勺（日语为杓文字，Shamoji）或刮铲将米饭轻轻铲起，注意不要过度翻动米饭。

日式煮米饭
御飯
GOHAN

跟中国人差不多，米饭（御飯，Gohan）也是日本人的主食。在日本，无饭不成餐的概念深入人心。

日本大米多为短粒米，在中国国产米中，东北大米的口感与之接近。

供2人食用	食材
准备时间: 30分钟	300克日本大米
烹饪时间: 16分钟	

1 用滤网将米彻底洗净。倒入大量水中浸泡30分钟，再将水沥干。

2 把米倒入平底锅，加入300毫升水，放在大火的炉上，盖上锅盖。当水开始沸腾时，将火力调低，继续煮8分钟。

3 把锅从炉灶上端离，放置8分钟，其间不要打开锅盖。

4 打开锅盖，充分翻动米饭，让饭粒不会黏在一起。

鲣鱼高汤
かつおだし
KATSUO DASHI

　　鲣鱼干在日文中也被称为鰹節（katsuobushi），是日本料理中常见的食材，而将鲣鱼（katsuo）干刨出的木鱼花和昆布一起烹制，会给你的高汤加入丰富的海洋气息。

　　该食谱来自菊乃井（Kikunoi）料亭东京店主厨兼店主村田吉弘（Murata Yoshihiro）。

制作1.8升	食材
准备时间：5分钟	30克昆布（海带）
烹饪时间：1小时30分钟	50克木鱼花

1　用干净的湿茶巾擦拭昆布的表面，然后将其放入大汤锅内，加入1.8升水。以小火加热，并将水温保持在60℃（用温度计测量）。当水温稳定后，继续炖1小时。

2　用漏勺将海带捞出后，开大火，将水温升高至80℃，注意不要让汤沸腾。关火，迅速放入鲣鱼干刨片。

3　让鲣鱼干在汤中浸泡10秒钟，之后用铺着薄棉纱的筛网过滤掉汤中的食材。鲣鱼高汤可以在冰箱中保存两三天时间。

昆布高汤
昆布だし
KOMBU DASHI

　　相比鲣鱼高汤来说，昆布高汤的味道更为清淡，制作也更为简单，对于素食者来说是一道不错的替代品，也可以作为许多日本料理的基础食材。

　　加一到两个高品质的干香菇可以增添汤的丰富口感。

制作500毫升	食材
准备时间：1~6小时	4平方厘米昆布（海带）
烹饪时间：10分钟	

1　将海带放入500毫升的冷水中，浸泡1小时至半天时间（取决于个人所需要的味道和浓度）。

2　大火炖汤，在水开之前将昆布捞出。放凉。昆布高汤可以在冰箱中保存两三天时间。

菜谱来源

日本北部

1 佐野初男；旨味太助；仙台市青葉区国分町2丁目11-11（见12~15页）/Sano Hatsuo; Umami Tasuke; 2-11-11, Kokubuncho, Aoba-Ku, Sendai

2 工藤良子；津軽あかつきの会；青森県弘前市石川家岸44-13（见16~19页）/Kudo Samago; Tsugaru Akatsuki Club; 44-13, Ishikawakaikan, Hirosaki, Aomori; http://marugoto.exblog.jp/21967309/

3 松浦敬祐和夫人リツ；松浦食堂；青森県上北郡野辺地町上小中野39-7（见20~23页）/Matsuura Keisuke and Ritsu; Matsuura Shokudo; 39-7, Kamikonakano, Kamikita-ku, Aomori; http://sansun.hi-net.ne.jp/index.html

4 遠藤和則和川上のりこ；鈴木食堂；北海道根室市納沙布32（见24~25页）/Endo Kazunori and Kawakami Noriko; Suzuki Shokudo; 32, Nosappu, Nemuro, Hokkaido

5 工藤哲子；SAN・SUN産直ひろば；青森県三戸郡三戸町川守田字西張淵39-1（见26~29页）/Kudo Noriko; San Sun Sanchoku Hiroba; 39-1, Nishihariwatashi, Sannohe-machi, Sanohe-gun, Aomori

6 奥雅彦；麺屋彩未；北海道札幌市豊平区美園十条5丁目3-3-12（见30~35页）/Oku Masuhiko; Menya Saimi; 3-3-12, 10-Jo Misono, Toyohira-ku, Sapporo, Hokkaido

7 金塚澄子；だるま本店；北海道札幌市中央区南五条西4 クリスタルビル1F（见38~41页）/Kaneshika Sumiko; Daruma Honten; 1F Cristal Building, 4 Minami 5 Jonishi, Chuo-ku, Sapporo, Hokkaido; http://best.miru-kuru.com/daruma/index.html

8 中村やすのり；きくよ食堂；北海道函館市若松町11番15号（见42~45页）/Nakamura Yasunori; KikuyoShokudo; 11-15, Wakamatsu-cho, Hakodate, Hokkaido; http://hakodate-kikuyo.com/

9 佐藤春樹；森の家；山形県最上郡真室川町大沢2052-1（见46~49页）/Sato Haruki; Mori-no-ie; 2052-1, Osawa, Mamurogawa, Mogami, Yamagata; http://www.morinoie.com/

10 石田ひろみ；海鮮工房 羅臼漁業協同組合直営店；北海道目梨郡羅臼町本町361番地（见50~51页）/Ishida Hiromi; Kaisen Kobo Rause Gyugyou Kyodo Kumiai Chokueiten;

361 Hon-Cho, Rausu-cho, Menasi-gu, Hokkaido; http://www.jf-rausu.jp/

11 細谷ひろみ；エンドー餅店；仙台市青葉区宮町4-7-26（见52~55页）/Hosoya Hiromi; Endo Mochiten; 4-7-26 Miyamachi, Aoba-ku, Sendai; http://www.zundamochi.com/

东京和日本中部

1 北平春子、北平修子和北平嗣二；蕪水亭；岐阜県飛騨市古川町向町3-8-1（见58~61页）/Kitahira Haruko, Kitahira Nobuko & Kitahira Tsuguji; Busuitei; 3-8-1 Mukaimachi, Furukawa-cho, Hida, Gifu; http://www.busuitei.co.jp/

2 長谷川在佑；神保町傳；東京都千代田区神田神保町2-2-32（见62~65页）/Hasegawa Zaiyu; Jimbocho Den; 2-2-32 Jimbocho, Kanda, Chiyoda-ku, Tokyo; http://www.jimbochoden.com/chinese/

3 近藤文夫；天ぷら近藤；東京都中央区銀座5丁目5-13坂口ビル9F（见66~67页）/Kondo Fumio; Tempura Kondo; 9F, Sakaguchi Building, 5-5-13 Ginza, Chuo-ku, Tokyo

4 本・弗拉特和船下智香子；ふらっと；石川県能登町矢波27-26-3（见68~71页）/Ben Flatt & Funashita Chikako; Flatts Inn; 27-26-3 Yanami, Noto-Chou, Ishikawa; http://flatt.jp/

5 油井隆一；㐂寿司；東京都中央区日本橋人形町2-7-13（见72~75页）/Yui Ryuichi; Kizushi; 2-7-13 Nihombashi Ningyocho, Chuo-ku, Tokyo

6 三浦陽介；おにぎり浅草宿六；東京都台東区浅草3-9-10（见76~79页）/Miura Yosuke; Onigiri Asakusa Yadoroku; 3-9-10 Asakusa, Taito-ku, Tokyo; http://onigiriyadoroku.com/

7 門脇秋彦；丸中ロッヂ；長野県下高井郡野沢温泉村豊郷4424-2（见80~83页）/Kadowaki Akihiko; Marunaka Lodge; 4424-2 Toyosato, Nozawa Onsen Village, Shimotakai-gun, Nagano; http://marunakalodge.com/

8 吉川朋江；山野草；長野県大門518善光寺入り口（见84~87页）/Yoshikawa Tomoe; Sanyasou; Zenko Temple Entrance, 518 Daimon, Nagano

9 菊池和男；和人堂；栃木県宇都宮市中今泉2丁目10-23（见88~91页）；Kikuchi

Kazuo; Wajindo; 2-10-23Nakaimaizumi, Utsunomiya, Tochigi

10 千葉由美；穴子の魚竹寿し；静岡市清水区草薙122（见92~97页）；Chiba Yumi; Anago Uotake Sushi; 122 Kusanago, Shimizu-ku, Shizuoka; http://www.uotakesushi.com/

11 田中孝一；お宿たなか；石川県輪島市河井町22-38（见98~101页）/Tanaka Kouichi; Oyado Tanaka; 22-38 Kawaimachi, Wajima, Ishikawa; http://www.oyado-tanaka.jp/index.htm

12 吉原出日；とんき；東京都目黒区下目黒1丁目1-2（见102~105页）/Yoshihara Izuhi; Tonki; 1-1-2 Shimo-Meguro, Meguro-ku, Tokyo

13 生江史伸；L'Efferverscence；東京都港区西麻布2丁目26-4（见106~109页）/Namae Shinobu; L' Efferverscence; 2-26-4 Nishi-azabu, Minato-ku Tokyo; http://www.leffervescence.jp/

14 鹿山博康；バーベンフィディック；東京都新宿区西新宿1-13-7 大和家ビル 9F（见110~113页）/Kayama Hiroyasu; Bar Ben Fiddich; 9F Yamatoya Bldg, 1-13-7 Nishi-Shinjuku, Shinjuku-ku, Tokyo

15 河崎紘一郎；マルカワ味噌；福井県越前市杉崎町12-62（见114~117页）/Kawasaki Kouichiro; Marukawa Miso; 12-62 Sugisaki-cho, Echizen-shi, Fukui; http://marukawamiso.com/

关西地区

1 遠藤勝；会津屋；大阪市西成区玉出西2-3-1（见120~121页）/Endo Masaru; Aizu-ya; 2-3-1Tamadenishi, Nishinari-ku, Osaka; http://www.aiduya.com/

2 田中勝美；このは；大阪市中央区南本町2-6-22 プルミエール南本町 1F（见122~125页）; Tanaka Katsumi; Konoha; Premiere Minamihon-cho 1F, 2-6-22, Minamihon-machi, Chuo-ku, Osaka

3 今木貴子；Wasabi；大阪市中央区難波1-1-17（见126~129页）/Imaki Takako; Wasabi; 1-1-17, Nanba, Chuo-ku, Osaka; http://www.hozenji-wasabi.jp/

4 増山雅人；近為；京都市上京区牡丹鉾町576（见130~133页）；Masuyama Masato; Kintame; 576 Botanboko-cho, Kamigyo-ku, Kyoto

⑤ 薩摩卯一；美々卯（なんば店）；大阪市中央区難波5-1-18なんばダイニングメゾン7F（见134~137页）/Neya Shuichi; Mimiu; 7F Nanba Dining Maison, 5-1-18, Nanba, Chuo-ku, Osaka; http://www.mimiu.co.jp/

⑥ 宮前昌尚；Grill Miyako；神戸市中央区元町通5丁目3-5（见138~141页）/Miyamae Masanao; Grill Miyako; 5-3-5, GenchoTouri, Chuo-ku, Kobe; http://grillmiyako.intrest.biz/history.html

⑦ 三嶋太郎；三嶋亭；京都市中京区桜之町405（见142~145页）/Mishima Taro; Mishima-Tei; 405 Sakuranocho, Nakagyo, Tokyo; http://www.mishima-tei.co.jp/

⑧ 柳本雄基；淡路屋；神戸市東灘区魚崎南町3-6-18（见148~151页）/Yanagimoto Yuki; Awajiya; 3-6-18Uozaki Minamimachi, Higashinada, Kobe; http://www.awajiya.co.jp/index.htm

⑨ 平井宗助；平宗；奈良吉野郡吉野町飯貝614（见152~155页）; Hirai Sousuke; Hirasou; 614 Iigai, Yoshino-cho, Yoshino, Nara; http://www.kakinoha.co.jp/naramise/

⑩ 檜垣友朗；檜垣；神戸市中央区栄町通2-9-4川泰ビル1F（见156~159页）/Higaki Tomoaki; Higaki; 1F Kawatai Building, 2-9-4 Eichotouri, Chuo-ku, Kobe

⑪ 岡本万寿男；尾張屋；京都京都市中京区仁王門突抜町322（见160~163页）/Okamoto Masuo; Owariya; 322, Niomontsukinuke-cho, Nakagyo-ku, Kyoto-shi, Kyoto; https://honke-owariya.co.jp/

⑫ 高木一雄；京料理たか木；兵庫県芦屋市大原町12-8（见164~167页）/Takagi Kazuo; Kyo-Ryori Takagi; 12-8 Ohara-cho, Ashiya, Hyogo; http://www.kyotakagi.jp/

⑬ 小堀周一郎；麩嘉；京都市中京区錦小路堺町角菊屋町534-1（见168~171页）/Kohori Shuichiro; Fuka; 534-1 Kikuyacho, sakaicho, Nishikikoji, Nakagyo-ku, Kyoto-shi, Kyoto; http://www.fuka-kyoto.com/

⑭ 濱野晃次；鍵善良房；京都市東山区祇園町北側264番地（见172~175页）/Hamano Koji; KagizenRyobo; 264 Gionmachi Kitagawa, Higashiyama, Kyoto; http://www.kagizen.co.jp/

日本西部

① 植川学；みっちゃん；広島市中区八丁堀6-7チュリス八丁堀1F（178~181页）/Uekawa Manabu; Mitchan; 1F Chellis Hachobori Building, 6-7 Hachobori, Naka-ku, Hiroshima; http://www.okonomi.co.jp/

② 上野純一；うえの；広島県廿日市市宮島口1-5-11（见182~185页）/Ueno Junichi; Ueno; 1-5-11 Miyajimaguchi, Hatsuichi-shi, Hiroshima; http://www.anagomeshi.com/

③ 山越伸一；山越うどん；香川県綾歌郡綾川町羽床上602-2（见186~189页）/Yamakoshi Shinichi; Yamagoe Udon; 602-2 Hayuyukakami, Ayagawa-cho, AyautaGu, Kagawa; http://yamagoeudon.com/

④ 福島加寿子；福弥；香川県観音寺市港町二丁目9番38号（见192~195页）/Fukushima Kazuko; Fukuya; 2-9-38, Minatocho, Kannonji City; Kagawa; http://www.niji.or.jp/home/fukuya/

⑤ 岸里枝；農家民泊 山挨；徳島県勝浦郡上勝町大字生実字下野81-1（见196~199页）/KishiSatoe, Nouka Minpaku Yamaai; 81-1, Ikumishimono, Kamikatsu Cho, Katsuura, Tokushima; http://kamikatsu.life/

⑥ 濱田利宏；濱菊久；徳島県徳島市かごや町2-15-2（见200~203页）/Hamada Toshihiro; Hamagiku; 2-15-2, Kagoyamachi, Tokushima; http://hamagiku.com/

⑦ 岩田誠司；丸水；松山市大街道3丁目6-4（见204~207页）/Iwata Seiji; Gansui; 3-6-4 Ookaido, Matsuyama; www.gansui.co.jp

日本南部

① 齋藤潤哉；一風堂大名本店；福岡県福岡市中央区大名1-13-14（见210~213页）; SaitoJunya; Ippudo Daimyo Honten; 1-13-14 Daimyo, Chuo-ku, Fukuoka; http://www.ippudo.com/

② 川島義政；川島豆腐店；佐賀県唐津市京町1775（见214~217页）/Kawashima-Yoshimasa; KawashimaTofu; 1775Kyomachi, Karatsu, Saga; https://www.zarudoufu.co.jp/

③ 川島力男；割烹ひさご；佐賀県藤津郡太良町多良1763（见218~221页）/Kawashima Rikio; Kappo Hisago; 1763 Tara, Iara-cho, Fujitsu-gu, Saga; http://kappouhisago.web.fc2.com/

④ 玉城弘康；糸満漁民食堂；沖縄県糸満市西崎町4-17（见222~225页）/Tamaki Hiroyasu; Itoman Gyomin Shokudo; 4-17 Nishizaki Cho, Itoman Shi, Okinawa

⑤ 山下明生；ブラジル食堂；沖縄県名護市宇茂佐1703-6（见226~229页）/Yamashita Akio; Brazil Shokudo; 1703-6 Umusa, Nago-shi, Okinawa

⑥ 嘉数善太郎；さしみ亭；沖縄県国頭郡本部町字大浜882-7（见232~235页）/Kakazu-Zentaro; Sashimitei; 882-7 Ohama, Motobucho, Kunigami-gu, Okinawa

⑦ 大河内正康；旅館洋々閣；佐賀県唐津市東唐津2-4-40（见236~239页）/Okouchi-Masayasu; Yoyokaku; 2-4-40 Higashi-karatsu, Karatsu-shi, Saga; http://www.yoyokaku.com/

⑧ 本吉勉；元祖本吉屋；福岡県柳川市旭町69番地（见240~243页）/Motoyoshi Tsutomu; Ganso Motoyoshiya; 69 Asahi-machi, Yanagawa-shi, Fukuoka; http://motoyoshiya.jp/

⑨ 八島且典；焼とりの八兵衛；福岡県糸島市前原中央3-20-5（见244~247页）/Yashima Akinori; Yakitori no Hachibei; 3-20-5 Maeharachuo, Itoshima-shi, Fukuoka; http://www.hachibei.com/

⑩ 奥津啓克；とり田；福岡市博多区下川端町10-5博多麹屋番ビル1F（见248~251页）/Okutsu Hirokatsu; Toriden; 1F Fukuoka Kojiyaban Building, 10-5 Simokawa-batamachi, Hakata-ku, Fukuoka; http://www.toriden.com/

⑪ 華蓮；鹿児島市山之口町3-12 JAフードプラザ（见252~255页）/Karen; 3-12 Yamanokuchi-cho, Kagoshima-shi; http://www.karen-ja.com/

基本食谱

ソラノネ食堂；琵琶湖（见256页）/Soranone Shokudo, Biwako http://soranone.jp/cafe

村田吉弘；菊乃井；東京都港区赤坂6丁目13番地8（见257页）/Murata Yoshihiro; Kikunoi; 6-13-8 Akasaka, Minato, Tokyo http://kikunoi.jp/

术语表

ほうじ茶（Hōjicha）

焙茶：带有温和的焦香口味的绿茶，通常用粗茶制成。和其他日本绿茶不同的是，焙茶的茶叶采用炒制，而非蒸制。

片栗粉（Katakuriko）

太白粉：细磨土豆淀粉，用作调料中的增稠剂，也可以在煎炸时裹在食物外面形成焦脆的外壳。相比小麦粉来说，这种淀粉可以作为无麸质食品的替代品。

鰹節（Katsuobushi）

日本鲣鱼干：晒干、发酵并烟熏过的鲣鱼，不过有时也会使用更为便宜的木鱼花来替代。从晒干的鱼上刨出薄片。有一种烟熏的刺激味道。

みそ（Miso）

味噌：由发酵过的黄豆制成的传统调味品。这种味道浓郁的酱料可以用来制作蘸料、酱汁和汤。

煮干し（Niboshi）

小鱼干：晒干的小沙丁鱼，用作原料调味品，也可以直接作为零食。越小的鱼干味道越柔和。

昆布（Kombu）

海带：昆布是唯一可以用来制作日式高汤的海藻。

唐辛子（Togarashi）

红辣椒：将红辣椒与其他食材混合制成的佐料，同样被称为唐辛子，比如最常见的七味粉（七味，Shichimi）。

一味唐辛子（Ichimi Togarashi）

干红辣椒粉。

イクラ（Ikura）

橘红色的大粒三文鱼卵。

沢庵（Takuan）

腌萝卜：经腌制并晒干的萝卜。切成薄片后，可以作为配菜或零食食用。

かんぴょう（Kampyo）

干瓢：干瓠瓜（葫芦的一种）刨花。通常被用作寿司卷中的一味食材。

こんにゃく（Konnyaku）

魔芋：用形同山芋的蒟蒻根部捣烂后制成的胶状物，以糕状形式出售。本身味道清淡，但可以从其他食材中吸取味道。常被用来增添食物的丰富性，同时也容易令人产生饱腹感，纤维含量高而卡路里极低。

餅（Mochi）

麻糬：将日本米捣碎成糊状，再捏成糕点。在很多传统日式甜点中都会出现，是新年时经常食用的点心。

山椒（Sansho）

日本花椒：常见的香料，和唐辛子一起都是七味粉的关键成分。

葛（Kuzu）

葛根：是制作葛根粉的原材料。被用作蘸料和甜点中的增稠剂，还可以作为玉米淀粉的天然、未经加工的替代品。不含麸质。

きな粉（Kinako）

黄豆粉：字面含义为"黄色谷粉"。由烘烤后的黄豆制成，是常见的配料，以甜味及特殊的粉状质感著称。它不像糖那么甜，但也是甜点的配料。

飛子（Tobiko）

飞鱼卵：常常用于制作寿司。带有轻微的烟熏或咸味。

こんか鯖（Konkasaba）

米糠腌制鲭鱼：制作时，把鱼放入发酵的米糠、红辣椒丝和盐中，然后放置一两年时间。

海苔（Nori）

通常用来包裹寿司，但也会添加在面条和汤中用于装饰和增味。

佃煮（Tsukudani）

黑色的糊状物，通常由烘烤后的海苔制成，作为咸味佐料使用。

ヨモギ（Yomogi）

艾草：日本艾蒿植物的叶子，有时会用沸水烫过后加入汤、米饭甚至甜点中。

白滝（Shirataki）

魔芋丝：字面意为"白色瀑布"。出魔芋（蒟蒻）制成的透明面条。

我们的作者

何天兰（Tienlon Ho）2001年第一次在日本背包旅行时，一路支撑她的是拉面、饭团和自动售卖机里的奶茶。从那之后，她多次返回日本，为Lonely Planet和其他出版物进行食物及旅行相关内容的写作。你可以在tienlon.com和推特@tienlonho上查看更多有关她的内容。

我要感谢Ayako Mochimaru，她以仁慈和精心的态度对这个项目给予了协助。

丽贝卡·米纳尔（Rebecca Milner）在美国加利福尼亚州长大，自2002年起钟情于东京。作为Lonely Planet的作者，同时出于个人兴趣，丽贝卡几乎已到达过日本的每一个角落，她总是想了解朋友们关于"吃什么"和"在哪吃"的小贴士。她也曾是《日本时报》（Japan Times）的美食专栏作家。

感谢Jess的无比信赖和耐心。谢谢摄影师纯一开车带我们走遍了东北地区（Tohoku）和北海道（Hokkaido）并安排采访，最重要的是，谢谢他没有开车撞到那头鹿。感谢所有允许我们进入后厨的主厨们，他们慷慨地献出了他们的时间，还分享了美食的秘密。谢谢一步这些年来传授给我很多关于日本美食的知识；谢谢天兰的贴士和想法；谢谢小林先生提供了青森县（Aomori）的联系人。此外，还要感谢我的丈夫以及东京的朋友们，他们带我亲自实践验证了这些食谱。

中原一步（Nakahara Ippo）是一名记者，1977年出生于佐贺县（Saga Prefecture）。高中毕业之后，他开始写作与美食相关的文章，并同时在福冈（Fukuoka）的屋台（小吃摊）工作。他的作品主要关注食物本身以及人的天性，并通过食物来讲述生命的故事。他的文章见于杂志，他也参加了电台和电视节目的录制。

摄影师

宫崎純一（Miyazaki Junichi）认为美食摄影和人像摄影有相近之处：当我们看着一盘菜的照片时，我们实际看到的是做这道菜的厨师，这就好比我们站在一片庄稼田中，就走近了那些种植庄稼的农民。純一给此书的食物、场景以及厨师们拍照，目的是传递各个地方料理的整体背景，并讲述每道菜背后的故事。www.junichimiyazaki.com

幕后

关于本书

这是Lonely Planet《日本美食之旅》的第一版。本书的作者为何天兰、丽贝卡·米纳尔和中原一步。

本书由以下人员制作完成：

项目负责	关媛媛
项目执行	丁立松
翻译统筹	肖斌斌　王玫珺
翻　译	钟奕　章怡
内容策划	徐秋婷（本土化内容）　钱晓艳　刘维佳
视觉设计	李小棠　庹桢珍
协调调度	高原
责任编辑	马珊　李偲涵
编　辑	喻乐　普黎洋
地图编辑	马珊
制　图	田越
流　程	孙经纬
终　审	朱萌
排　版	北京梧桐影电脑科技有限公司

感谢洪良、寇家欢、许华燕、朱娜、巫殷昕为本书提供的帮助。

声明

本书插图由陈曦和路易斯·席仑（Louise Sheeran）绘制。

本书图片由宫崎純一拍摄。

本书部分地图由中国地图出版社提供，其他为原书地图，审图号GS（2017）602号。

说出你的想法

我们很重视旅行者的反馈——你的评价将鼓励我们前行，把书做得更好。我们同样热爱旅行的团队会认真阅读你的来信，无论表扬还是批评都很欢迎。虽然很难一一回复，但我们保证将你的反馈信息及时交到相关作者手中，使下一版更完美。我们也会在下一版特别鸣谢来信读者。

请把你的想法发送到china@lonelyplanet.com.au，谢谢！

请注意：我们可能会将你的意见编辑、复制并整合到Lonely Planet的系列产品中，例如旅行指南、网站和数字产品。如果不希望书中出现自己的意见或不希望提及你的名字，请提前告知。请访问lonelyplanet.com/privacy了解我们的隐私政策。

日本美食之旅

中文第一版

书名原文：*From the Source-Japan*（1st edition, Sep 2016）
© Lonely Planet 2017
本中文版由中国地图出版社出版

© 书中图片由图片提供者持有版权，2017

版权所有。未经出版方许可，不得擅自以任何方式，如电子、
机械、录制等手段复制，在检索系统中储存或传播本书中
的任何章节，除非出于评论目的的简短摘录，也不得擅自
将本书用于商业目的。

图书在版编目（CIP）数据

　　日本美食之旅 / 澳大利亚 LonelyPlanet 公司编；钟
奕，章怡译 . -- 北京：中国地图出版社，2017.4
　　书名原文：From the Source - Japan
　　ISBN 978-7-5031-9833-5

　　Ⅰ. ①日… Ⅱ . ①澳… ②钟… ③章… Ⅲ . ①饮食 –
文化 – 日本 Ⅳ . ① TS971.2

　　中国版本图书馆 CIP 数据核字（2017）第 068086 号

出版发行	中国地图出版社
社　　址	北京市白纸坊西街 3 号
邮政编码	100054
网　　址	www.sinomaps.com
印　　刷	北京华联印刷有限公司
经　　销	新华书店
成品规格	185mm×240mm
印　　张	16.5
字　　数	449 千字
版　　次	2017 年 4 月第 1 版
印　　次	2017 年 4 月北京第 1 次印刷
定　　价	86.00 元
书　　号	ISBN 978-7-5031-9833-5
审 图 号	GS（2017）602 号
图　　字	01-2017-0709

如有印装质量问题，请与我社发行部（010-83543956）联系

虽然本书作者、信息提供者以及出版者在写作和出版过
程中全力保证本书质量，但是作者、信息提供者以及出
版者不能完全对本书内容之准确性、完整性做任何明示
或暗示之声明或保证，并只在法律规定范围内承担责任。

Lonely Planet 与其标志系 Lonely Planet 之商标，已在美国专利商标局和其他国家进行登记。不允许如零售商、
餐厅或酒店等商业机构使用 Lonely Planet 之名称或商标。如有发现，急请告知：lonelyplanet.com/ip。

旅行读物全新上市，更多选择敬请期待

在阅读与观察中了解世界，激发你的热情去探索更多

- 全彩设计，图片精美
- 启发旅行灵感
- 轻松好读，优选礼物

保持联系

china@lonelyplanet.com.au

我们在墨尔本、奥克兰、伦敦、都柏林和北京都有
办公室。联络：lonelyplanet.com/contact

weibo.com/
lonelyplanet

lonelyplanet.com/
newsletter

facebook.com/
lonelyplanet

twitter.com/
lonelyplanet

"只要决定出发，最困难的部分就已结束。那么，出发吧！" 托尼·惠勒（Tony Wheeler），Lonely Planet联合创始人